中等职业学校模具制造技术专业规划教材

模具拆装与调试技能训练

童永华　李慕译　主编

朱仁盛　主审

中国铁道出版社
CHINA RAILWAY PUBLISHING HOUSE

内 容 简 介

本书以模具设计与制造专业模具拆装与调试训练为主线,以典型模具的结构、工作原理、相关工艺知识等实践教学环节为基础,系统阐述了模具拆装与调试等各实践模块的目标要求、内容、步骤。各课题按任务描述、任务分析、任务准备、相关工艺知识、任务实施、评价标准和归纳总结等形式统一编写,内容由浅入深、由易到难。书中对冷冲模与注塑模的拆卸、装配、调试等进行了详细的分析、介绍,对模具结构进行了重点提示,有利于提高学生的模具综合分析与解决问题的能力。

本书适合作为五年制高职学校、技工学校、职业学校机械制造专业、模具专业、机电一体化专业、数控技术专业的教学和企业职工培训教材。

图书在版编目(CIP)数据

模具拆装与调试技能训练/童永华,李慕译主编. —北京:
中国铁道出版社,2012.7
中等职业学校模具制造技术专业规划教材
ISBN 978-7-113-13610-9

Ⅰ.①模… Ⅱ.①童… ②李… Ⅲ.①模具—装配(机械)
—中等专业学校—教材②模具—调试—中等专业学校—教
材 Ⅳ.①TG76

中国版本图书馆 CIP 数据核字(2011)第 194443 号

书　　名:模具拆装与调试技能训练
作　　者:童永华　李慕译　主编

策　　划:陈　文　　　　　读者热线:400-668-0820
责任编辑:李中宝
编辑助理:刘远星
封面设计:刘　颖
封面制作:白　雪
责任印制:李　佳

出版发行:中国铁道出版社(100054,北京市西城区右安门西街8号)
网　　址:http://www.edusources.net
印　　刷:北京海淀五色花印刷厂
版　　次:2012年7月第1版　　2012年7月第1次印刷
开　　本:787 mm×1 092 mm　　1/16　印张:11.25　字数:267 千
印　　数:1~3 000 册
书　　号:ISBN 978-7-113-13610-9
定　　价:22.00 元

序

　　我国的职业教育正处于各级政府十分重视、社会各界非常关注、改革创新不断深化、教学质量持续提高的最佳发展时期。

　　模具行业是制造业的基础,模具制造与应用水平的高低表征着国家制造业水平的高低,模具工业是机械制造的主要产业之一。振兴装备制造业、节能减排、提高生产质量和效率、实现经济增长方式转变和调整结构,都需要大力发展模具工业。近年来我国的模具工业增长速度很快,特别是汽车工业、电子信息产业、建材行业及机械制造业的高速发展,为模具工业提供了广阔的市场。

　　随着新技术、新材料、新工艺的不断涌现,促进了模具技术的不断进步,技术密集型的模具企业已广泛采用了现代机械加工技术、模具材料选用与处理技术、数控机床操作技术、CAD/CAM 软件应用技术、模具钳工技术、快速成形技术、逆向工程技术等。企业对从业员工的知识、能力、素质要求在不断提高,既需要从事模具开发设计的高端人才,也需要大量从事数控机床操作、电加工设备操作、模具钳工操作等一线生产制造的高级技能型人才。现代企业对高素质模具制造工的需求十分强烈,模具制造高技能人才是当今职业院校毕业生高质量就业的热点,经济社会对高技能模具制造工的需求会持续增长。

　　由中国铁道出版社出版发行的"中等职业学校模具制造技术专业规划教材"就如是在职业教育教学深化改革的浪潮中迸发出来的一朵绚丽浪花,闪耀着"以就业为导向、以能力为本位"的现代职业教育思想光芒;体现了"以工作过程为导向","以学生为主体","在做中学、在评价中学","工学结合、校企合作"的技能型人才培养模式;实践了"专业基础理论课程综合化、技术类课程理实一体化、技能训练类课程项目化"的职业院校课程改革经验成果。这套系列教材的出版也充分反映出近年来教师职业能力的提升和师资队伍建设工作的丰硕成本。

　　在职业教育战线上工作的广大专业教师是职业教育改革的主力军,我们期待着更多学有所长、实践经验丰富、有思想善研究的一线专业教师积极投身到职业教育专业建设、课程改革的大潮中来,为切实提高职业教育教学质量、办人民满意的职业教育编写出更多更好的实用专业教材,为职业教育更美好的明天做出贡献。

葛金印

2012 年 1 月

前　言

　　本书是模具类专业课教材,主要内容包括:模具拆装工具与使用、模具检测量具、冷冲模的拆装、冷冲模的安装与调试、注塑模的拆装、注塑模的安装与调试等。在编写过程中,编者本着"直观易懂,以学生为本"的原则,对设备、工具、模具等实物采用了大量照片和三维造型图,使学生易于认清模具结构、零件构造和工具特征,从而为模具学习打好基础。本书采用任务驱动模式编写,使工艺知识与实操训练紧密结合,充分调动学生的积极性;采用大量三维分解图,分步解析拆装工艺过程,利教便学。

　　本书主要特点有以下几方面:

　　1. 本书以冷冲模、注塑模技术发展为依据,结合实际生产要求,以"应用"为主旨来构建实训教学内容体系,规范模具专业实训环节,提高实训质量,准确落实模具设计与制造专业技能应用型人才的培养目标。

　　2. 培训中把理论与操作技能有机地结合,图文并茂,形象直观,文字简明扼要,通俗易懂,内容由浅入深,理论联系实际,使学生逐步掌握模具制造的基本操作技能及相关工艺知识,以便在工业生产岗位上,能完成生产任务。

　　3. 采用案例方式指导学生运用专业知识完成模具拆装与调试。

　　本书共分六章,由江苏省无锡交通高等职业技术学校童永华、李慕译,无锡技师学院冯忠伟共同编写,由童永华、李慕译任主编,泰州机电高等职业技术学校朱仁盛老师任主审。另外在本书的编写过程中借鉴了国内外同行的最新资料及文献(详见本书"参考文献"),并得到了兄弟院校的大力支持,在此一并致以衷心的感谢。

　　由于编者水平有限,书中疏漏与不足之处在所难免,敬请读者批评指正。

编　者

2012 年 3 月

目 录

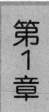

第1章 模具拆装工具与使用

模具是工业生产中使用极为广泛的工艺装备，模具工业是国民经济发展的重要基础工业之一，也是一个国家加工制造业发展水平的重要标志。

1.1 认 识 模 具

1.1.1 模具基础知识

采用各种压力设备与装在压力设备上的专用工具，再通过压力或动力，在常温或高温状态下，使金属或非金属材料得到需要的变形，这种专用工具统称为模具。用模具制造出来的各种零件通常称为"制件"，是实现无屑加工的主要形式。图 1-1-1 所示为生活中常见制件。

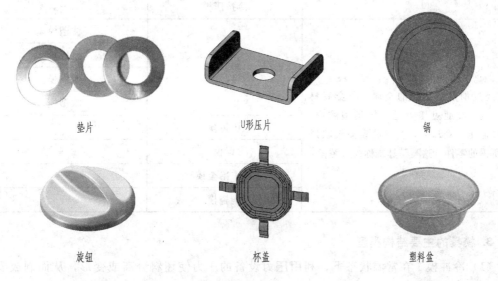

垫片   U形压片   锅

旋钮   杯盖   塑料盆

图 1-1-1　常见制件

1. 模具的作用

模具在工业生产中应用极为广泛，如汽车、电器电机、仪器仪表、航空航天、机械制造、轻工产品等行业，有60%～90%的零部件需用模具加工。如螺钉、螺母、垫圈等标准件，没有模具就无法大批量生产。新材料的推广应用，如工程塑料、粉末冶金、橡胶、合金压铸、玻璃成形等工艺也需要模具来完成批量生产。

2. 模具的分类

模具的分类情况见表 1-1-1。

表 1-1-1　模具的分类

按结构形式分	按工艺性质分	按工序分
冷冲模 （在常温下，把金属或非金属板料放入模具内，通过压力机和安装在压力机上的模具对板料施加压力，使板料发生分离或变形而制成所需要的零件，该类模具称为冷冲模）	冲裁模	落料模
		冲孔模
		切边模
	弯曲模	弯形模
		卷边模
	成形模	整形模
		缩口模
		翻边模
		压印模
	拉深模	—
	冷挤压模	—
型腔模 （把经过加热或熔化的金属、非金属材料，放入或通过压力送入模具型腔内，经过加压、冷却后，按型腔表面形状形成所需的零件，这类模具统称为型腔模）	塑料模	注塑模
		挤出模
		压缩模
		吹塑模
	压铸模	—
	锻模	—
	粉末冶金模	—
	陶瓷模	—

3. 模具的主要结构类型

（1）冷冲模　在常温状态下，利用压力设备的压力使坯料分离或变形，从而制成零件的模具称为冷冲模。冷冲模一般分为以下几种：

① 冲裁模　将一部分材料与另一部分材料分离的模具称为冲裁模。图 1-1-2 所示为冲裁模简图。

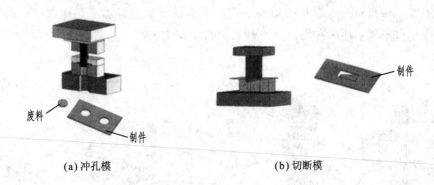

(a) 冲孔模　　　　　　　　　　　　　　　(b) 切断模

图 1-1-2　冲裁模简图

② 弯曲模　能将坯料弯曲成一定形状的模具称为弯曲模。图 1-1-3 所示为弯曲模简图。

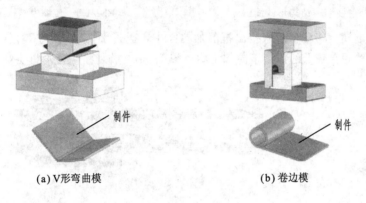

(a) V形弯曲模　　　　　　　　　　　　　(b) 卷边模

图 1-1-3　弯曲模简图

③ 拉深模　将坯料拉深成开口空心零件或进一步改变空心工件形状或尺寸的模具称为拉深模。图 1-1-4 所示为拉深模简图。

图 1-1-4　拉深模简图

④ 成形模　在冲裁、弯曲或拉深的零件上，进一步改变其局部形状的模具称为成形模。

⑤ 冷挤压模　将较厚的毛坯材料制成薄壁空心零件的模具称为冷挤压模。

（2）型腔模　利用型腔自身内部形状，使型腔内具有塑性或呈液态状的材料成形的模具称为型腔模。型腔模按工作性质不同，可分为以下几类：

① 塑料模　将塑料压制成一定形状的制件的模具称为塑料模。按塑料成形工艺特点，塑料模又可分为注塑模、压缩模、挤出成形模、中空吹塑模等。

· 注塑模　将塑料放入注塑机的专用加料腔内加热，在螺杆的推动下加压，使软化的塑料经过浇注系统挤入模具的型腔内，从而制成塑料制件。图 1-1-5 所示为注塑模结构形式简图。

• 压缩模　将塑料放入模具的型腔中，在液压机上加热、加压，使软化的塑料充满型腔，并保持一定温度、压力和时间，冷却后塑料即硬化成制件。图 1-1-6 所示为压缩模结构形式简图。

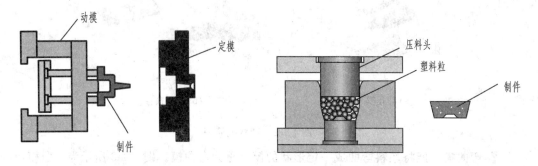

图 1-1-5　注塑模结构形式简图　　　　图 1-1-6　压缩模结构形式简图

• 挤出成形模　将塑料放入挤出机的加料筒中，通过加热螺杆使塑料软化，在一定压力下挤出成形，然后在较低的温度下冷却定型。图 1-1-7 为管材挤出成形机头结构形式简图。

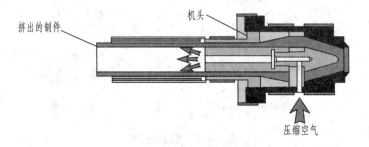

图 1-1-7　管材挤出成形机头结构形式简图

• 中空吹塑模　将管状坯料加热后置于模具型腔内，向管状坯料中注入压缩空气，使坯料膨胀紧贴型腔，然后冷却定型得到中空塑件。图 1-1-8 所示为中空吹塑模结构形式简图。

②压铸模　将熔化成液体的非铁金属合金浇入压铸机的加料室中，用压铸机活塞加压，使金属液体经浇注系统压入模具型腔内，从而制成零件的模具称为压铸模。图 1-1-9 所示为压铸模结构形式简图。

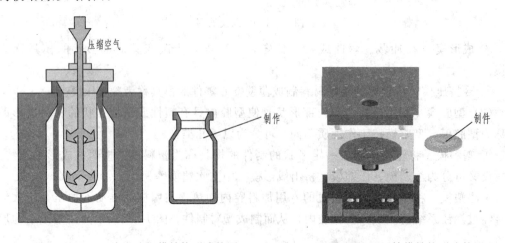

图 1-1-8　中空吹塑模结构形式简图　　　　图 1-1-9　压铸模结构形式简图

③锻模 将金属坯料加热到一定温度，然后放到固定在锻锤上的模具上施加压力，将坯料锻成一定形状的锻件，则这种模具称为锻模。图1-1-10所示为锻模下模结构形式图。

图1-1-10 锻模下模结构形式图

④粉末冶金模 用模具将金属粉末压制成要求形状的坯件，然后将坯件在熔融点以下的温度加热烧结成金属制品，这种模具称为粉末冶金模。

⑤陶瓷模 用能耐高温的耐火材料作为造型材料，水解硅酸乙酯作为黏结剂，在催化剂的作用下，经过灌浆、黏结、起模以及焙烧等一系列工序，再经过合型、浇注和清砂出件，就获得所需的陶瓷模。

1.1.2 模具生产知识

1. 模具的生产过程

模具的生产过程，是将原材料转变为模具的过程，主要包括模具的设计，模具制造工艺规程的制订，模具原材料的运输和保存，生产的准备工作，模具毛坯制造，模具零部件的加工和热处理，模具的装配、试模与调整及模具的检验与包装等内容。

2. 模具制造的特点

（1）模具制造一般有多品种、针对单件的特点。由于制件的种类多，模具的种类也较多（多品种）；但模具又是一种耐用的生产工具，如一套冷冲模可以冲制几万到几百万个同样的制件（单件）。

（2）加工模具零件，除用普通机床加工外，还需要用高效、精密的设备来加工，如数控铣床、加工中心、成形磨床、雕刻机、电火花线切割机床、电火花电脉冲机床等设备。

（3）新模具装配后必须经过试压和调整，直到压制出合格制件后，模具方可交付使用。

（4）模具制造的准备工作复杂，制造周期长。模具钳工既要按设计图样加工、装配模具，还要了解压力加工的简单工艺和压力设备的基本技术参数，并能根据制件的缺陷调试模具。

3. 模具的精度

模具的精度主要是指模具成形零件工作尺寸的精度和成形表面的表面质量，可分为模具零件本身的精度和装配精度。

本身精度是指单个零件的加工精度，如凸模、凹模、型芯等的尺寸精度以及平面度、直线度、圆柱度等形状精度。

装配精度是指各零件装配后相互的位置精度。如面与面或面与线之间的平行度、垂直度，同轴度，定位及导向配合等精度。

模具的精度越高，则成形的制件精度也越高。一般模具工作尺寸的制造公差应控制在制件尺寸公差的1/3～1/4之间，保证凸、凹模工作尺寸的制造公差之和小于凸、凹模最大初始间隙与最小初始间隙之差，成形表面的表面粗糙度值 $Ra \leqslant 0.4\ \mu m$。

4. 模具的基本要求

（1）制造好的模具，能正确而顺利地安装在成形加工机械设备上，模具的闭合高度、安装槽（孔）尺寸、顶件杆尺寸和模板尺寸等达到要求。

（2）模具经使用后，能生产出合格的产品，符合图样精度要求。

（3）模具的技术状态应保持良好，零部件间的配合关系始终处于良好的运行状态。安装、操作、维护方便。

（4）模具应达到较长的使用寿命，在保证质量的前提下，保证模具制作的最低成本。

5. 模具的使用安全

（1）在冲压和注塑生产中发生事故的主要原因有：

① 操作者疏忽大意，在滑块下降及合模时将手、臂、头等伸入模具危险区。

② 模具结构不合理，如模具因结构原因而引起倾斜、破碎；或因模具结构不合理造成废料飞溅、工件或废料回升没有预防的结构措施等。

③ 塑料模具或模塑设备中的热塑料、压缩空气或液压油溢出。热模具零件裸露在外，电接头绝缘保护不好。

④ 模具安装、调整、搬运不当。

⑤ 压力机的安全装置发生故障或损坏。

（2）模具安全生产的主要措施

① 模具设计结构要合理，尽可能设计自动化生产的模具，如自动送料和取件结构。另外模具要采用安全防护装置。

② 使用的模具设备必须符合国家规定的安全标准。设备附设的安全装置齐全。

③ 加强员工的安全教育与培训，树立安全第一的思想。

6. 模具的维护

（1）使用前检查模具的完好情况。

（2）注意随时清理模具工作表面，合模时不得有异物。

（3）运动和导向部位保持清洁，班前和班中要加油润滑，使之运动灵活可靠，防止卡死、烧伤。

（4）型腔模具要保持型腔的清洁，避免锈蚀、划伤，不用时要喷涂防腐剂。

（5）冲裁模要保持刀刃锋利，适时进行刃磨，拉深模要合理选择润滑介质。

（6）注射模具要正确选择脱模剂，使制品顺利脱模。

（7）使用完毕，要清洁模具各工作部位，涂防锈油或喷防锈剂。

7. 模具的保管

（1）模具应存放在干燥且通风良好的房间，便于存放和取出，不可随意放在阴暗潮湿的地方，以免生锈。

（2）模具存放前应擦拭干净，分门别类地存放，并摆放整齐。为防止导柱和导套生锈，在导柱顶端的注油孔中注入润滑油后盖上纸片，防止灰尘及杂物落入导套内。

（3）冲压模具的凸模与凹模，型腔模的型腔与型芯、配合部位均应喷涂防锈剂，以防生锈。

（4）小型模具应放在模具架上，大中型模具存放时上、下模之间垫以木块限位，避免装置卸下后长期受压而失效。

（5）对于长期不用的模具，应经常打开检查保养，发现锈斑或灰尘时应及时处理。

1.2 常见模具拆卸工具与使用

1.2.1 扳手

扳手的类型有许多种，下面介绍机械行业中钳工常用的几种扳手。

1. 活扳手

活扳手开口宽度可以调节，用于拧紧或松开一定尺寸范围内的六角头或方头螺栓、螺钉和螺母。常用的规格有 200 mm（8 in）、250 mm（10 in）、300 mm（12 in）。该扳手通用性强，使用广泛，但使用不是太方便，拆卸与安装效率低，不适合专业生产与安装。活扳手外形如图 1-2-1 所示。

2. 呆扳手（标准扳手）

呆扳手有双头呆扳手、单头呆扳手，规格以头部开口宽度尺寸来表示，用于拧紧或松开具有一种或两种规格尺寸的六角头及方头螺栓、螺钉和螺母。在螺母或螺栓工作空间足够时使用起来非常方便和顺手，拆卸与安装效率高，在专业生产与安装场合应用较普遍。呆扳手外形如图 1-2-2 所示。

图 1-2-1 活扳手　　　　　　　　　　　　图 1-2-2 呆扳手

3. 梅花扳手

梅花扳手有双头梅花扳手、单头梅花扳手，规格以螺母六角头头部对边距离来表示，有单边的，也有成套配置的，用于拧紧或松开六角头及方头螺栓、螺钉和螺母，特别适用于工作空间狭窄、位于凹处、不能容纳双头标准扳手的工作场合。梅花扳手外形如图 1-2-3 所示。

4. 内六角扳手

内六角扳手规格以内六角头螺栓头部的六角对边距离来表示，是专门用来紧固或拆卸内六角头螺栓的工具，有米制（公制）和英制两种。米制规格（单位为 mm）有 1.5（螺栓 M2）、2（螺栓 M2.5）、2.5（螺栓 M3）、3（螺栓 M4）、4（螺栓 M5）、5（螺栓 M6）、6（螺栓 M8）、8（螺栓 M10）、10（螺栓 12）、12（螺栓 M14）、14（螺栓 16）、17（螺栓 M20）、19（螺栓 M24）、22（螺栓 M30）、27（螺栓 M36）。内六角扳手外形如图 1-2-4 所示。

图 1-2-3　梅花扳手

图 1-2-4　成套内六角扳手

5. 套筒扳手

套筒扳手的套筒头规格以螺母或螺栓的六角头对边距离来表示，由各种套筒头、传动附件和连接件组成。该扳手除具有一般扳手紧固或拆卸六角头螺栓、螺母的功用外，特别适用于各种特殊位置和各种空间狭窄位置的维修与安装，如螺钉头或螺母沉入凹坑中的情况。套筒扳手外形如图 1-2-5、图 1-2-6 所示。

图 1-2-5　成套套筒扳手组合

图 1-2-6　单个套筒扳手

使用注意：

拧紧螺母或螺栓时，应选用合适的扳手，禁止扳口加垫或扳把接管。优先选用标准扳手或梅花扳手，扳手不能当锤子用。使用活扳手应把死面作为着力点，活面作为辅助面。使用电动扳手应按手持式电动工具有关规定执行，爪部变形或破裂的扳手，不准使用。5 号以上的内六角扳手允许使用长度合适的管子接长扳手，拧紧时注意扳手不要脱出，以防造成人身伤害。

1.2.2　旋具

1. 一字、十字槽螺钉旋具

一字、十字槽螺钉旋具又称螺丝批、螺丝起子、螺丝刀等，用于拧紧或松开头部具有一字形或十字形沟槽的螺钉。木柄和塑料柄螺钉旋具分普通和穿心式两种。穿心式能承受较大的扭矩，并可在尾部用锤子敲击。方形旋杆螺钉旋具能用相应扳手夹住旋杆扳手，以增大力矩。穿心式螺钉旋具外形如图 1-2-7 所示。其使用方法如图 1-2-8 所示。

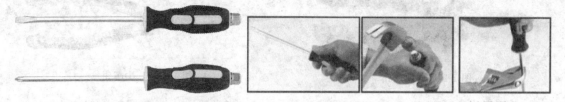

图 1-2-7 穿心式螺钉旋具   图 1-2-8 螺钉旋具的使用方法

2. 多用螺钉旋具

多用螺钉旋具用于拧紧或松开头部带有一字形或十字形沟槽的螺钉、木螺钉，也可用来钻木螺钉孔眼，并兼作测电笔用，外形如图 1-2-9 所示。机用十字槽螺钉旋具使用在电动、风动工具上，可大幅度提高生产效率。电动式螺钉旋具如图 1-2-10 所示。

图 1-2-9 多用螺钉旋具   图 1-2-10 电动式螺钉旋具

使用注意：应根据旋紧或松开的螺钉头部的槽宽和槽形选用适当的螺钉旋具，不能用较小的螺钉旋具去旋拧较大的螺钉。十字槽螺钉旋具用于旋紧或松开头部带十字槽的螺钉，对十字槽螺钉尽量不用一字槽螺钉旋具，否则拧不紧甚至会损坏螺钉槽。在受力较大或螺钉生锈难以拆卸的时候，可选用方形旋杆螺钉旋具，以便能用扳手夹住旋杆扳动，增大力矩。旋具不得当做錾子撬开缝隙或剔除金属毛刺及其他的物体。

1.2.3 手钳类工具

1. 钢丝钳

钢丝钳用于夹持、折弯薄片形、圆柱形金属零件及绑、扎、剪断钢丝，是钳工必备工具。其外形如图 1-2-11 所示。

2. 尖嘴钳

尖嘴钳用于较窄小的工作空间操作，可用来夹持较小零件及绑、扎细钢丝。带刃尖嘴钳还可用于剪断金属丝，是机械、仪表、电信器材等装配及修理工作常用的工具。其外形如图 1-2-12 所示。

图 1-2-11　钢丝钳

图 1-2-12　尖嘴钳

3. 管子钳

管子钳用于夹持、紧固、拆卸各种圆形钢管及棒类等圆柱形工件的安装、修整工作，在安装、拆卸大型模具时也经常使用。其规格指夹持管子最大外径时管子钳全长。管子钳外形如图 1-2-13 所示。

4. 大力钳（多用钳）

大力钳用于夹持零件进行配钻、铆接、焊接、磨削、拆卸及安装等工作，是模具或维修钳工经常使用的工具，其外形如图 1-2-14 所示。大力钳钳口有多档调节位置，以用来夹紧不同厚度的零件。使用时应首先调整尾部螺栓到合适位置，通常要经过多次调整才能达到最佳位置。

图 1-2-13　管子钳

图 1-2-14　大力钳

使用注意：使用时应擦干净钳子上的油污，以免工作时滑脱。折弯或剪断小的工件时，应当把工件夹紧。管子钳使用要选择合适的规格，钳头开口要等于工件的直径，钳头要卡紧工件后再用力扳。管钳牙和调节环要保持清洁，防止打滑伤人。不能用大力钳或管子钳代替扳手松紧螺栓、螺母，以免损坏扳手棱角与平面。

1.2.4　夹紧类工具

1. 台虎钳

台虎钳安装在钳工台上，是钳工必备的用来夹持各种工件的通用工具，有固定式和回转式两种。其规格以钳口宽度来表示，常用的有 75 mm、100 mm、125 mm、150 mm 等几种，如图 1-2-15 所示。

使用注意：在夹紧工件时只许用手的力量扳动手柄，绝不许用锤子或其他套筒扳动手柄，以免丝杠、螺母或钳身损坏。另外不能在钳口上敲击工件，而应该在固定钳身的平台上，否则会损坏钳口。

2. 机用平口钳

机用平口钳规格以钳口宽度表示，如图 1-2-16 所示。它一般安装在铣、刨、磨、钻等加工机械的工作台上，适合装夹形状规则的小型工件。使用时先把平口钳固定在机床工作台上，将钳口用百分表找正，然后再装夹工件。

使用注意： 在机用平口钳上装夹工件应注意工件的待加工表面必须高于钳口，以免刀具碰伤钳口，若工件高度不够，可用平行垫铁把工件垫高，再进行加工。

图 1-2-15 台虎钳

图 1-2-16 机用平口钳

3. 压板、螺栓

当工件尺寸较大或形状特殊时，可使用压板、螺栓把工件直接固定在工作台上进行加工，安装时应找正位置，如图 1-2-17 所示。

使用注意： 在使用压板、螺栓装夹工件的操作过程中，应注意使压板的压点靠近加工面，压力大小要合适。

4. 手虎钳（手拿钳）

手虎钳是钳工夹持轻巧工件以便进行加工的一种手持工具，是模具钳工和工具钳工常用的夹紧工具。钳口宽度有 25 mm、40 mm、50 mm 几种规格，如图 1-2-18 所示。

使用注意： 装夹工件前首先旋松蝶形螺母，调整钳口到合适宽度，然后放入工件并旋紧蝶形螺母，检查确保夹紧后即可进行钻孔等操作。

5. 精密平口钳

精密平口钳是模具钳工、工具钳工及精密平面磨加工常用的夹紧工具，如图 1-2-19 所示。

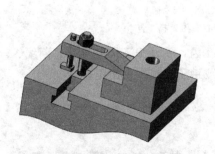

图 1-2-17 压板、螺栓夹持工件

图 1-2-18 手虎钳

图 1-2-19 精密平口钳

6. 平行垫铁

平行垫铁为两块等高的垫铁，常用做工件在钻床上垫平后钻孔用，或调节冷冲模上下或塑料动定模之间的距离用，还可用于调整凸凹模间隙，如图 1-2-20 所示。

7. 平行夹

平行夹一般成对使用，用于将两块或几块平行的板料夹在一起引孔或装调模具时夹紧，如图 1-2-21 所示。

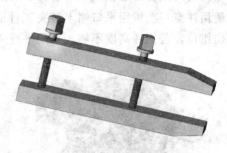

图 1-2-20　平行垫铁　　　　　　　　　图 1-2-21　平行夹

1.2.5　吊装工具

1. 吊环螺钉

吊环螺钉配合起重机，用来吊装模具、设备等重物，是重物起吊不可缺少的配件。规格以螺钉头部螺纹大小表示，如图 1-2-22 所示。

2. 起重卸扣

起重卸扣、吊环、钢丝绳是配合起重机吊起重物最常用的配件，特别是在模具车间、注塑车间、冲压车间用来起吊大型模具时应用最多。起重卸扣外形如图 1-2-23 所示。

图 1-2-22　吊环螺钉　　　　　　　　　图 1-2-23　起重卸扣

使用注意： 吊环螺钉选用合适规格拧入塑料模具螺钉孔内，钢丝绳不应有生锈、断线、明显变形等异常现象，起重卸扣应配合锁紧，U 形环变形或销子损坏不得使用。

1.2.6　钳工锤子与铜棒

钳工常用锤子有斩口锤、圆头锤等。锤的大小用锤的质量表示，斩口锤用于金属薄板的敲平、翻边等，圆头锤用于较重的打击。木锤、橡胶锤、铜棒是模具钳工装配与拆卸模具必不可少的工具，如图 1-2-24 所示。

使用注意： 在装配和修磨过程中，禁止使用铁锤敲打模具零件，而应视情况而定用木锤、橡胶锤或铜棒敲打，其目的就是防止模具零件被打至变形。铜棒材料一般使用纯铜（紫铜）。

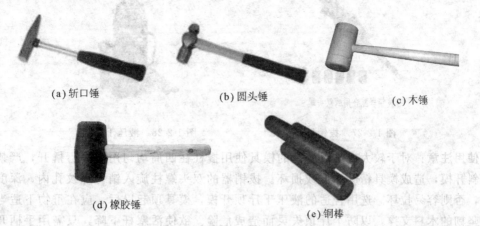

(a) 斩口锤　　　　　　(b) 圆头锤　　　　　　(c) 木锤

(d) 橡胶锤　　　　　　　　　(e) 铜棒

图 1-2-24　锤子、铜棒

1.2.7　撬杠、拔销器、液压千斤顶

1. 撬杠

撬杠主要用于搬运、翘起笨重物品，而模具拆卸常用的有通用撬杠和钩头撬杠，如图 1-2-25、图 1-2-26 所示。

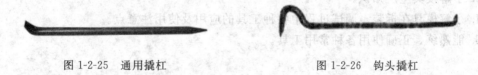

图 1-2-25　通用撬杠　　　　　　　　　　图 1-2-26　钩头撬杠

2. 拔销器

拔销器是取出带螺纹内孔销钉所用的工具，主要用于盲孔销或大型设备、大型模具的销钉拆卸，既可以拔出直销钉又可以拔出锥度销钉。当销钉没有螺纹孔时，需钻攻螺纹孔后方能使用。拔销器使用时首先把拔销器的双头螺柱旋入销钉螺纹孔内，深度足够时，双手握紧冲击手柄到最低位置，向上用力冲撞杆台肩，反复多次冲击即可取出销钉，起销效率高。拔销器外形如图 1-2-27 所示。

3. 液压千斤顶

对于较大型冲压模具，若导向机构采用滚珠导柱和导套，开模与合模时多比较顺畅，此时不需要开模工具，用起重机配钢丝绳可直接打开模具。若导向机构采用滑动导柱和导套，此时用起重机、钢丝绳分离上下模具将非常困难，可采用四个同型号（通常 2 t 左右）的液压千斤顶，如图 1-2-28 所示，分别支承在导柱、导套旁边，2 人或 4 人同步操作，在开模过程中不断测量升起高度，从而确保平行开模。

与拔销器配合用的双头螺柱

图 1-2-27　拔销器

图 1-2-28　液压千斤顶

使用注意：对于较大或难以分开的模具使用撬杠在四周均匀用力平行撬开，严禁用蛮力倾斜开模，造成模具精度降低或损坏。拔销器的双头螺柱旋入销钉螺纹孔内，深度不能太浅，否则容易拉坏。选用合适的液压千斤顶开模，模具顶起以后，应在重物下适当位置垫以坚韧的木料支撑，以防千斤顶失灵而造成危险。欲使活塞杆下降，只需用手柄开槽端将回油阀杆按逆时针方向微微旋松，活塞杆即缓缓下降。

小　　结

1. 了解模具的基本概念和作用。
2. 理解模具的种类和基本结构。
3. 了解模具生产知识。
4. 了解模具在拆装、调试过程中各种工具的应用及使用注意点。
5. 能熟练、正确使用各种常用工具。

思 考 练 习

1. 模具的作用是什么？
2. 什么是冷冲模？什么是型腔模？
3. 冷冲压工序如何分类？不同工序的工作性质有何不同？
4. 简述模具生产过程以及模具制造的特点。
5. 模具的维护包括哪些方面的内容？
6. 简述模具拆装常用扳手分类以及使用注意事项。
7. 简述常用夹紧类工具及使用注意事项。
8. 简述手钳类工具的作用以及使用注意事项。

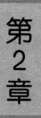

第2章 模具检测量具

为确保零件和产品质量，必须对加工完毕的模具零件进行严格测量。掌握正确的测量方法，正确使用量具，读取准确的测量数值，是模具钳工完成加工、装配工作的一个重要保证。

2.1 量具简介

2.1.1 量具的分类

量具是用来测量、检验工件及产品尺寸和形状的工具。量具种类很多，根据其用途和特点可分为三类：通用量具、专用量具和标准量具。

1. 通用量具

通用量具也称万能量具，一般是指由制作量具的厂商统一制造的通用性量具，如直尺、铸铁平板、角度块、游标卡尺、千分尺、百分表、游标万能角度尺等。

2. 专用量具

专用量具也称非标量具，顾名思义就是指非标准的量具，是专门为检测工件某一技术参数而设计制造的量具，如内外卡规、钢丝绳卡尺、量规（塞规、环规）、塞尺等。

3. 标准量具

标准量具是用来测量或检定标准的量具，比如量块、多面棱体、表面粗糙度比较样块等。

2.1.2 检测量具的选择依据

（1）根据模具零件结构特点、形状、尺寸大小、重量、材料、刚性以检测部位和表面精度等选择不同的量具及测量方法。

（2）根据被测工件所处的状态（静态、动态）选用测量量具。

（3）根据工件的加工方法、测量基准面、批量来选择量具。如单件生产选用通用量具，大批量生产采用专用量具进行检测。

2.2 量具使用与测量

1. 钢直尺、钢卷尺、直角尺

钢直尺与钢卷尺为粗测量工具，主要测量毛坯的外形尺寸，误差较大。直角尺为测量工件 90°的标准量具，宽座直角尺也可用来划垂直线、平行线。其外形分别如图 2-2-1、图 2-2-2、图 2-2-3 所示。

图 2-2-1　钢直尺　　　　　　图 2-2-2　钢卷尺　　　　　图 2-2-3　宽座直角尺

2. 游标卡尺、游标深度卡尺、游标高度卡尺

游标卡尺是一种中等精度的量具，主要用来测量工件的外径、孔径、长度、宽度、深度、孔距等尺寸，常用的规格为 0～150 mm、0～200 mm，测量精度为 0.02 mm。其外形如图 2-2-4 所示。

深度游标卡尺用于测量阶梯孔、盲孔和凹槽的深度，测量精度为 0.02 mm。其外形如图 2-2-5 所示。

图 2-2-4　游标卡尺　　　　　　　　　图 2-2-5　游标深度卡尺

高度游标卡尺（高度划线尺）由尺身、游标、划线脚和底盘组成，划线脚镶有硬质合金，它能直接划出高度尺寸，精度为 0.02 mm。其外形如图 2-2-6 所示。

使用注意：

（1）测量前先把量爪和被测表面擦干净，检查游标卡尺各部件的相互作用，如尺框移动是否灵活、紧固螺钉能否起作用。

（2）校对零位的准确性，尺身零线与游标零线应对齐。用完后应将卡尺擦拭干净，涂油装盒保存。

3. 游标万能角度尺

游标万能角度尺是用来测量工件内、外角度的量具。按游标的测量精度分为 $2'$ 和 $5'$ 两种，其测量范围为 $0°\sim320°$。模具钳工常用的是测量精度为 $2'$ 的游标万能角度尺，如图 2-2-7 所示。

图 2-2-6　游标高度卡尺　　　　　　　图 2-2-7　游标万能角度尺

使用注意：

（1）使用前检查角度尺的零位是否对齐。

（2）测量时，应使角度尺的两个测量面与被测件表面在全长上保持良好接触，然后拧紧制动器上的螺母进行读数。

（3）根据所测量的度数不同，合理装上直尺与角尺。

4. 千分尺

千分尺是一种精密量具，测量精度比游标卡尺高，而且比较灵敏。其规格按测量范围可分为 $0\sim25$ mm、$25\sim50$ mm、$50\sim75$ mm、$75\sim100$ mm、$100\sim125$ mm 等几种，使用时按被测工件的尺寸选取。千分尺的制造精度分为 0 级和 1 级，0 级精度最高，1 级稍差，其制造精度主要由它的示值误差和两测量面平行度误差的大小来决定的。一般常用的千分尺有外径千分尺、内径千分尺、深度千分尺等。其外形如图 2-2-8、图 2-2-9、图 2-2-10 所示。

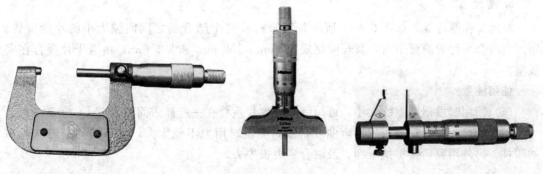

图 2-2-8　外径千分尺　　　　图 2-2-9　深度千分尺　　　　图 2-2-10　内径千分尺

使用注意：

（1）测量前应检查零位的准确性。

（2）测量时，千分尺的测量面和工件的被测量表面应擦拭干净，以保证测量准确。双手测量时，先转动微分筒，当测量面刚接触工件表面时再改用棘轮。

（3）千分尺使用完毕后应擦拭干净，并将测量面涂上防锈油，放入盒内。

5. 百分表

百分表是一种指示式量仪，测量精度为 0.01 mm，主要用于直接或比较测量工件的长度尺寸、几何形状偏差，也可用于检验机床精度或调整加工工件装夹位置偏差。常用百分表分为钟形百分表与杠杆百分表，与磁力表座配合使用，如图 2-2-11、图 2-2-12、图 2-2-13 所示。

图 2-2-11　钟形百分表　　图 2-2-12　杠杆百分表　　图 2-2-13　磁力表座与百分表配合使用

使用注意：

（1）使用前检查表盘与指针有无松动或卡死。

（2）测量时先将测量杆轻轻提起，把表架或工件移到测量位置后，慢慢放下测量杆，使之与被测面接触，不可强制把测量头推上被测面。

（3）测平面时，测量杆要与被测平面垂直，测圆柱体时，测量杆触头要在圆柱最高点，注意留 0.1～0.6 mm 的压缩量。

6. 塞尺

塞尺又称厚薄规，如图 2-2-14 所示是用来检验两个结合面之间间隙大小的片状量规。塞尺有两个平行的测量平面，其长度制成 50 mm、100 mm 和 200 mm，由若干片叠合在夹板里。

使用注意：

（1）使用时根据间隙的大小，可用一片或数片重叠在一起插入间隙内。

（2）塞尺片有的很薄，容易弯曲和折断，测量时用力不能太大，且不能测量温度较高的工件。另外用完后要擦拭干净，及时合到夹板中去。

7. 量块

量块的形状为长方形六面体，有两个工作面和四个非工作面。工作面为一对平行且平面度误差极小的平面。量块用于对量具和量仪进行校正，也可以用于精密划线和精密机床的调整，与正弦规、百分表配套使用可以测量某些精度要求高的工件尺寸。常用的量块有83块一套（见图 2-2-15）、46块一套、10块一套和 5 块一套等多种。

图 2-2-14　塞尺

图 2-2-15　量块

使用注意：

（1）使用前量块工作面用汽油、干净布擦拭干净。

（2）使用时为了减小量块组的长度积累误差，选取的量块通常不超过 4 块。

（3）研合量块时应避免碰撞或跌落，切勿划伤测量面。

8. 塞规、卡规

塞规用来测量工件孔径和槽宽。卡规用来测量工件轴径或厚度。它们都是用于测量成批生产工件的一种专用量具，测量方便准确。其外形如图 2-2-16、图 2-2-17 所示。

图 2-2-16　圆柱形塞规

图 2-2-17　卡规

使用注意：

塞规是用来测量孔径的，其长度较短的一端称为"止端"，用于控制工件的最大极限尺寸；其长度较长一端称为"过端"或"通端"，用于控制最小极限尺寸。用塞规测量时，只有当过端能进去、止端不能进去时，才能说明工件的实际尺寸在公差范围之内，是合格品，否则就不是合格品。

卡规是用来测量外径或厚度的，与塞规类似，一端为"过端"，另一端为"不过端"，使用方法和塞规相同。

9. 内/外卡钳

内/外卡钳是一种间接测量工具，在工件或测量场合的限制无法使用游标类量具或千分尺等测量工具时，才使用该种量具。测量时先在工件上测量后，再与带读数量具进行比较，然后得出读数，它的测量精度较差。其外形如图 2-2-18、图 2-2-19 所示。

图 2-2-18 内卡钳

图 2-2-19 外卡钳

10. 半径样板

半径样板用来检测工件圆弧部分的曲面半径，有时作为极限量规使用。它由一组薄钢片组成，厚度约 1 mm，一端为凸圆弧，一端为凹圆弧，根据半径大小，通常分为三套，即 $R1 \sim R6.5$ mm、$R7 \sim R14.5$ mm、$R15 \sim R25$ mm。其外形如图 2-2-20 所示。

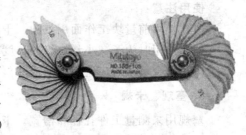

图 2-2-20 半径样板

使用注意：

（1）测量时半径样板圆弧与零件轮廓圆弧相吻合，半径样板上的标值即为零件圆弧半径。

（2）当光线不足、样板与零件圆弧吻合程度难以判断时，可通过对灯看间隙大小来判断。

11. 水平仪

水平仪是一种测量小角度的精密量具，用来测量平面对水平面或竖直面的位置偏差，是机械设备安装、调试和精度检测的常用量具之一，常用的有方框水平仪与合像水平仪，如图 2-2-21、图 2-2-22 所示。

图 2-2-21 方框水平仪

图 2-2-22 合像水平仪

使用注意：

（1）使用前检查水平仪是否完好，测量时，一定要等气泡稳定不动后再读数。

（2）读数时，尽量采用间接读数法，使读数更准确，从而保证测量精度。

12. 检测平板

平板是平台检测技术中最主要的测量工具，是主要定位基准平面。平板材料有铸铁和岩石，硬度值180～220HBW。平板精度指标主要是平板表面的平面度，按精度分，可分为0级、1级、2级和3级，0级平板精度最高。图2-2-23所示为0级铸铁平板。

使用注意： 使用前要把平板擦拭干净，不得敲打或用硬物撞击平板。

图 2-2-23 检测平板

13. 正弦规

正弦规是配合量块使用按正弦原理组成标准角，用以在水平方向按微差比较方式测量工件角度和内、外锥体的一种精密量仪。精度有0级、1级，规格有100 mm×25 mm、100 mm×80 mm、200 mm×40 mm、200 mm×80 mm、300 mm×150 mm 等几种，它由工作台、两个直径相同的精密圆柱、侧挡板和后挡板等组成，如图2-2-24所示，根据两精密圆柱的中心距 L 及工作台平面宽度 B 不同，可分为宽型和窄型两种。

使用注意： 正弦规在使用时要先进行安装调试，然后把正弦规的工作面擦拭干净，使用过程中，要注意避免工件和正弦规的工作面有过激的碰撞，防止损坏正弦规的工作面。工件的重量不可以超过正弦规的额定载荷，否则会造成工作质量降低，可能损坏正弦规的结构，甚至会造成正弦规变形、损坏，无法使用。

14. 表面粗糙度比较样块

表面粗糙度比较样块常用在型腔模表面粗糙度有一定要求时进行比较。以样块工作表面的表面粗糙度为标准，与待测工件表面进行比较，从而判断工件表面粗糙度值。表面粗糙度比较样块外形如图2-2-25所示。它适用于评定表面粗糙度要求不是太高的模具零件。

图 2-2-24 正弦规

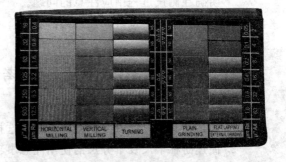

图 2-2-25 表面粗糙度比较样块

2.3 量具的维护和保养

正确地使用精密量具是保证产品质量的重要条件之一。要保持量具的精度和它工作的可靠性，除了在使用中要按照合理的使用方法进行操作以外，还必须做好量具的维护和保养工作。

（1）在机床上测量零件时，要等零件完全停稳后进行，否则不但使量具的测量面过早磨损而失去精度，且会造成事故。

（2）测量前应把量具的测量面和零件的被测量表面都要擦干净，以免因有脏物存在而影响测量精度。

（3）量具在使用过程中，不要和工具、刀具等堆放在一起，免碰伤量具。

（4）量具是测量工具，绝对不能作为其他工具的代用品。例如用游标卡尺划线、用百分尺当小榔头、用钢直尺当旋具拧螺钉或用钢直尺清理切屑等都是错误的。

（5）温度对测量结果影响很大，零件的精密测量一定要使零件和量具都在 20 ℃的情况下进行。一般可在室温下进行测量，但必须使工件与量具的温度一致，否则，由于金属材料的热胀冷缩的特性，使测量结果不准确。

（6）不要把精密量具放在磁场附近，例如磨床的磁性工作台上，以免使量具感磁。

（7）量具使用后，应及时揩干净，除不锈钢量具或有保护镀层者外，金属表面应涂上一层防锈油，放在专用的盒子里，保存在干燥的地方，以免生锈。

（8）精密量具应实行定期检定和保养，长期使用的精密量具，要定期送计量站进行保养并检定精度，以免因量具的示值误差超差而造成产品质量事故。

小 结

1. 了解常用量具的组成结构和应用。
2. 明确在测量过程中应注意的问题。
3. 掌握各种常用量具的使用与保养。

思 考 练 习

1. 简述量具的分类以及检测时量具的选择依据。
2. 简述游标卡尺及千分尺的使用注意事项。
3. 简述百分表、量块、正弦规的使用注意事项。
4. 简述量具的维护与保养。

第3章 冷冲模的拆装

学习目标:

1. 能够通过对模具的拆卸与装配，培养学生的动手能力、分析能力和解决问题的能力，使学生能够综合运用已学知识和技能。

2. 对模具典型结构及零部件装配有全面的认识，为理论课的学习和模具设计奠定良好的基础。

3. 掌握典型冷冲模的工作原理、结构组成，模具零部件的功用、相互间的配合关系以及模具零件的加工要求。

4. 能正确地使用常用模具拆装工具和辅具。

5. 能正确地草绘模具结构图、零件图并掌握一般步骤和方法。

6. 通过观察模具的结构能分析出零件的形状。

7. 能对所拆装的模具结构提出自己的改进方案。

8. 能正确描绘出该模具的动作过程。

本章主要学习冷冲模拆装方面的知识。拆卸和装配模具时，先仔细观察模具，务必弄清楚模具零部件的相互关系和紧固方法，并按钳工的基本操作方法进行拆装，以免损坏模具零件。拆下的上、下模座板和固定板等零件务必放置稳当，防止滑落、倾倒砸伤人而出现事故，特别是大型的冷冲模更要注意这一点。

为了便于把拆散的模具零件装配复原和便于画出装配图，拆卸过程中，各零件及相对位置应做好标记，以免安装时搞错方向。准确使用拆卸工具，拆卸配合时要分别采用拍打、压出等不同方法对待不同配合关系的零件，不可拆卸的零件和不宜拆卸的零件不要拆卸，上、下模的导柱、导套不要拆下，否则不易还原。拆下的螺钉、销钉及各类小零件需用盒子装起来，或分类摆放整齐，防止丢失，也方便随后安装。

按拟定的顺序将全部模具零件装回原来位置，遇到零件受损不能进行装配时应在老师的指导下学习用工具修复受损零件后再装配。装配后，模具所有的活动部分，应保证位置准确，动作协调可靠，定位和导向正确，固定的零件连接牢固，锁紧零件达到可靠锁紧作用。装配后应进行检查，观察装配后模具是否与拆卸前一致，检查是否有错装和漏装等现象。

3.1 单工序冲裁模拆装

3.1.1 任务描述

本小节对拨叉单工序冲裁模进行拆装，其总装图如图 3-1-1 所示。

图 3-1-1 拨叉单工序冲裁模总装图

3.1.2 任务分析

单工序冲裁模是指在压力机一次行程内只完成一个冲压工序的冲模，通过对本单工序冲裁模的拆装，如图 3-1-1 所示，了解冷冲模的整体结构、配合方式、工作原理，掌握各种钳工拆装工具的使用，掌握正确的模具拆装工艺，对模具进行相应要求的调试，以使其达到要求。通过冲裁检测结果对制件进行判断是否合格。拆装评分标准见 3.1.6 节表 3-1-1。

3.1.3 任务准备

1. 选择模具

选择单工序导柱式冷冲模一副，如图 3-1-1 所示（可根据实际生产情况予以选取）。

2. 拆装用操作工具

内六角扳手、旋具、平行垫铁、台虎钳、铜棒、锤子、盛物容器等。

3. 拆装用量具

游标卡尺、直角尺、钢直尺、千分尺等。

4. 实训准备

（1）小组人员分工　同组人员对拆卸、观察、测量、记录、绘图、装配等分工负责。

（2）工具准备　领用并清点拆装和测量所用的工量具，了解工量具的使用方法及使用要求。实训结束时按清单清点工量具，交指导教师验收。

（3）熟悉实训要求　要求复习有关理论知识，详细阅读本指导书，对实训报告所要求的内容在实训过程中做详细的记录。

3.1.4　相关工艺知识

1. 冷冲模的分类

（1）按工序性质分类　冷冲模按工序性质可分为落料模、冲孔模、切断模、整修模、弯曲模、拉深模和成形模等。

（2）按工序组合方式分类　冷冲模按工序组合方式可分为单工序模、复合模和级进模。

① 单工序模　在压力机的一次行程内，在一副模具中只完成一道工序的模具。

② 复合模　在压力机的一次行程内，在一副模具中的同一位置上能完成两个以上工序的冲模。

③ 级进模（又称连续模）　在压力机的一次行程内，在一副模具的不同位置上完成两个或两个以上工序，最后将制品与条料分离的冲模。

（3）按冲模导向方式分类　冷冲模按导向方式可分为敞开模、导板模和导柱模等。

① 敞开模（开放模）　其模具本身无导向装置，工作完全靠压力机导轨导向。

② 导柱模　其上、下模分别装有导柱、导套，靠其配合精度来保证凸、凹模的准确位置。

③ 导板模　用导板来保证冲裁时凸、凹模的准确位置。

（4）按凸模或凸凹模的安装位置分类　冷冲模按凸模或凸凹模的安装位置可分为顺装模与倒装模两类。

2. 冲裁模的基本结构

冲裁模主要由上模和下模两大部分组成。它的特点是能一次完成制件的落料、冲孔等工序。冲裁模由各种零件构成模具的结构，模具的上下往复运动由导柱、导套导向，工作零件凸、凹模分别紧固在固定板内或上、下模座上。卸料机构由卸料板、卸料螺钉、橡胶或弹簧、打料杆、推料块等构成，主要作用是将成品或废料从模具中顶出，确保下一循环的冲裁顺利进行。图 3-1-1 所示是导柱式单工序落料模，图 3-1-2、图 3-1-3 为其上、下模分解图，从而可了解简单落料模的基本结构组成。

3. 冲裁模基本结构的组成部分

（1）工作零件　工作零件是冲裁模中最重要的部分，它是直接使坯料产生分离或塑性变形的主要零件，如凸模、凹模、凸凹模。

（2）定位零件　定位零件是使坯料或制件在冲模中正确定位的零件，包括定位板、定位销、挡料销、导尺、侧刃、导正销。

（3）卸料、压料和顶出零件　这类零件起压料、卸料和顶料作用，并保证把卡在凸模上和凹模孔内的制件或废料卸下或推出、顶出，以保证冲压能继续进行，包括卸料板、打料杆、顶件装置、缓冲零件（弹簧、橡胶垫）。

（4）导向零件　它能够保证在冲裁过程中上、下模正确运动，凸模和凹模之间间隙均匀，包括导柱、导套、导板和套筒。

（5）固定零件　它是用来连接及固定工作零件，使之成为完整模具的零件，包括上/下模座、模柄、凸凹模固定板、垫板。

（6）紧固零件及其他零件 它是连接和坚固各类零件，使之成为完整模具的零件，也是模具连接压力机的零件，包括各种螺钉、销钉、压板、垫铁等。

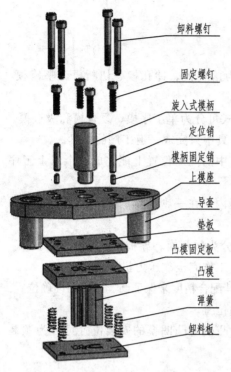
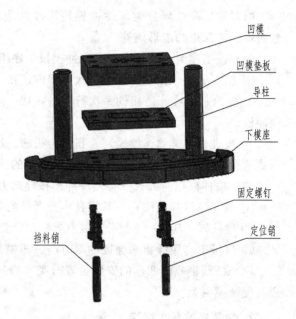

图 3-1-2 单工序冲裁模上模分解图　　　　图 3-1-3 单工序冲裁模下模分解图

4. 冷冲模主要工作零件的几种结构形式及其固定方法

（1）凸模 由于冲件的形状和尺寸不同，冲模的加工以及装配工艺等实际条件也不同，所以在实际生产中使用的凸模结构形式很多。其截面形状有圆形和非圆形；刃口形状有平刃和斜刃等；结构有整体式、镶拼式、阶梯式、直通式和带护套式等；凸模的固定方法有台肩固定、铆接、螺钉和销钉固定、黏结剂浇注法固定等，如图 3-1-4 所示。

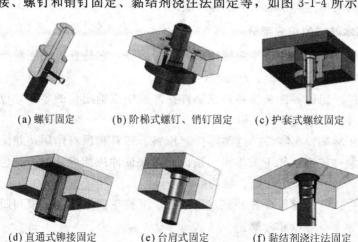

(a) 螺钉固定　　　(b) 阶梯式螺钉、销钉固定　　　(c) 护套式螺纹固定

(d) 直通式铆接固定　　　(e) 台肩式固定　　　(f) 黏结剂浇注法固定

图 3-1-4 凸模固定形式示意图

（2）凹模　根据凸模的形状和尺寸不同，凹模的类型也较多，外形有圆形和板形；结构有整体式和镶拼式；刃口形状有平刃和斜刃；凹模的固定方法有台肩直接固定、螺钉和销钉固定、过盈配合固定等，如图3-1-5所示。

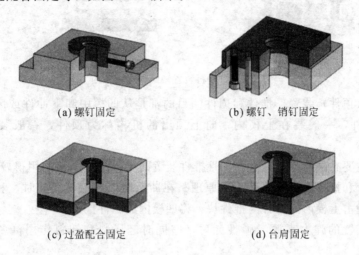

(a) 螺钉固定　　　　　　　　　　(b) 螺钉、销钉固定

(c) 过盈配合固定　　　　　　　　(d) 台肩固定

图 3-1-5　凹模固定形式示意图

（3）凸凹模　凸凹模是复合模中同时具有落料凸模和冲孔凹模作用的工作零件。它的内外缘均为刃口，内外缘之间的壁厚取决于冲裁件的尺寸，固定结构形式有台肩直接固定、螺钉和销钉固定等。

（4）凸、凹模的镶拼结构　对于大、中型的凸、凹模或形状复杂、局部薄弱的小型凸、凹模，如果采用整体式结构，将给锻造、机械加工或热处理带来困难，而且当发生局部损坏时，就会造成整个凸、凹模的报废，因此根据情况不同，可选用镶拼结构的凸、凹模。镶拼结构有镶接和拼接两种：镶接是将局部易磨损部分另做一块，然后镶入凹模体或凹模固定板内；拼接是整个凸、凹模的形状按分段原则分成若干块，分别加工后拼接起来。镶拼结构的固定方法有平面式螺钉固定、嵌入式固定、斜楔式固定、黏结剂浇注法固定等，如图3-1-6所示。

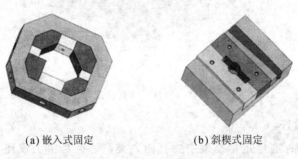

(a) 嵌入式固定　　　　　　　　(b) 斜楔式固定

图 3-1-6　凸、凹模的镶拼结构固定形式示意图

5. 冷冲模卸料装置与推件装置的结构形式

（1）卸料装置　卸料装置分固定卸料装置、弹压卸料装置和废料切刀三种。卸料板用于卸掉卡箍在凸模上或凸凹模上的冲裁件废料，如图3-1-7所示。废料切刀在冲压过程中将废料切断成数块，避免卡箍在凸模上。

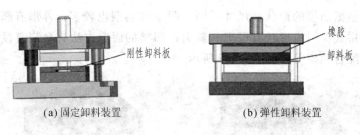

图 3-1-7　卸料装置装配形式示意图

（2）推件（顶件）装置　推件和顶件的目的都是从凹模中卸下冲件或废料。向下推出的机构称为推件，一般装在上模内；向上顶出的机构称为顶件，一般装在下模内，如图 3-1-8所示。

推件装置主要有刚性推件装置和弹性推件装置两种。一般刚性的用得较多，它由打杆、推板、连接推杆和推件块组成。其工作原理是在冲压结束后上模回程时，利用压力机滑块上的打料杆，撞击上模内的打杆与推件块，将凹模内的工件推出。

弹性推件装置的弹力来源于弹性元件，它同时起压料和卸料作用，多用于薄板料的冲裁。

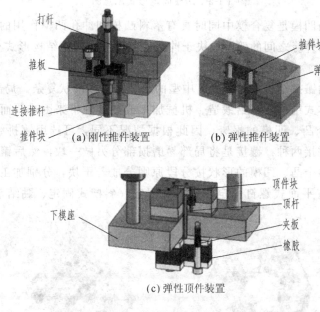

图 3-1-8　推件（顶件）装置装配形式示意图

6. 模架及组成零件

（1）模架　根据标准规定，模架主要有两大类，一类是由上模座、下模座、导柱、导套组成的的导柱模架；另一类是由弹压导板、下模座、导柱、导套组成的导板模架。模架及其组成零件已经标准化。

① 导柱模架　导柱模架按导向结构形式分为滑动导向和滚动导向两种。滑动导向模架的精度等级分为Ⅰ级和Ⅱ级，结构形式有六种，分别为对角导柱模架、后侧导柱模架、后侧导柱窄形模架、中间导柱模架、中间导柱圆形模架、四角导柱模架。滚动导向模架的精

度等级分为0Ⅰ、0Ⅱ级，结构形式有四种，分别为对角导柱模架、中间导柱模架、四导柱模架、后侧导柱模架。滚动导向模架在导柱和导套间装有保持架和钢球，导柱、导套的导向通过钢球的滚动摩擦实现，导向精度高，使用寿命长，主要用于高精度、高寿命的硬质合金模、薄材料的冲裁模以及高速精密级进模。部分常用模架如图3-1-9所示。

② 导板模模架　结构形式有两种，分别为对角导柱弹压模架、中间导柱弹压模架。导板模模架的特点是作为凸模导向用的弹压导板与下模座以导柱、导套为导向构成整体结构。凸模与固定板是间隙配合而不是过渡配合，因而凸模在固定板中有一定的浮动量。这种结构形式可以起到保护凸模的作用，一般用于带有细凸模的级进模，如图3-1-9所示。

(a) 对角导柱模架

(b) 后侧导柱模架

(c) 中间导柱模架

(d) 中间导柱圆形模架

(e) 滚动导向模架

(f) 导板模模架

图3-1-9　部分常用模架示意图

③ 模架、导柱、导套装配要求　模座的上、下表面平行度公差一般为IT4级。上、下模座的导套、导柱安装孔中心距一致，精度在0.02 mm左右。安装导柱、导套时，垂直度公差一般为IT4级，采用过盈配合H7/r6分别压入下模座和上模座的安装孔中。导柱与导套之间采用间隙配合，其配合尺寸小于冲裁间隙。

（2）连接与固定零件　模柄是作为上模与压力机滑块连接的零件。常用标准模柄的结构形式有压入式模柄、旋入式模柄、凸缘模柄、槽型模柄、通用模柄等。如图3-1-10所示。

① 压入式模柄　它与模座孔采用过渡配合H7/m6、H7/n6，并加销钉以防转动。这种模柄可较好保证轴线与上模座的垂直度，适用于各种中、小冲模。

② 旋入式模柄　通过螺纹与上模座连接，并加螺钉防止松动，多用于有导柱的中小型模具。

③ 凸缘模柄　凸缘模柄用3～4个螺钉紧固于上模座，模柄的凸缘与上模座的窝孔采用H7/js6过渡配合，多用于较大型的模具。

④ 槽型模柄、通用模柄（整体模柄）　它们可用于直接固定凸模，也可称为带模座的模柄，主要用于简单模中，更换凸模方便。

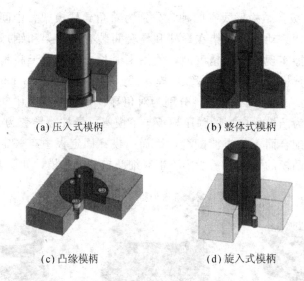

(a) 压入式模柄   (b) 整体式模柄

(c) 凸缘模柄   (d) 旋入式模柄

图 3-1-10　模柄结构形式示意图

（3）固定板　将凸模或凹模按一定相对位置压入后（固定板的凸模安装孔与凸模采用过渡配合 H7/m6、H7/n6），作为一个整体安装在上模座或下模座上，压装后将凸模端面与固定板一起磨平。

（4）垫板　垫板的作用是直接承受凸模的压力，以降低模座所受的单位压力，防止模座被局部压陷，从而影响凸模的正常工作。

（5）螺钉与销钉　螺钉与销钉都是标准件，螺钉用于固定模具零件，一般选用内六角头螺钉；销钉起定位作用，常用圆柱销钉。

7. 本单工序模结构工作原理

在压力机一次行程内，只完成一次冲裁，当上模下行时，先由导柱进入导套，继续下行，卸料板压紧板料，凸模接触板料，进入凹模刃口并冲下制件，上模继续下降，直至制件从下模落料孔中掉出，上模回程，弹簧回复，推动卸料板把卡箍在凸模上的板料卸下，如图 3-1-11 所示。

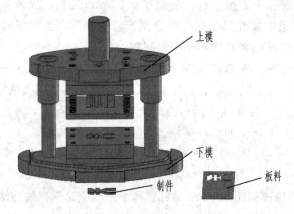

上模

下模

制件　　板料

图 3-1-11　单工序冲裁模与制件示意图

3.1.5 任务实施

1. 分开上、下模

在钳桌台上用拆卸工具将上、下模分开，并将分开后的上、下模放到工作位置，如图 3-1-12 所示。

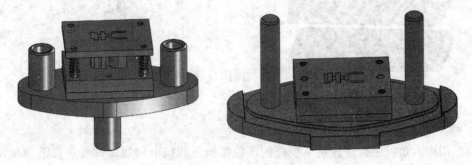

图 3-1-12 分开上、下模

2. 拆上模

（1）用内六角扳手拆开卸料螺钉，将卸料板、弹簧从上模中拆开，如图 3-1-13 所示。

（2）用内六角扳手拆开连接上模座和凸模固定板的固定螺钉，在上模座顶面向固定板方向打出定位销，把垫板、凸模固定板从上模拆开，如图 3-1-14 所示。

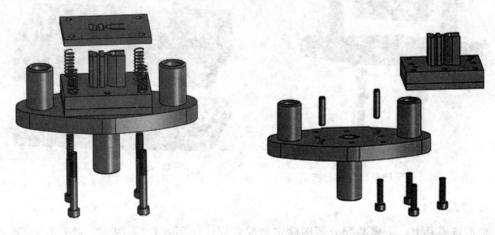

图 3-1-13 拆下卸料板、弹簧　　　　　图 3-1-14 拆下垫板、凸模固定板

（3）将垫板与凸模固定板分开，用铜棒打出凸模固定板上的凸模（此凸模与凸模固定板采用黏结剂浇注法固定），如图 3-1-15 所示。

（4）用螺钉旋具拧出模柄上固定的防转螺钉，将旋入式模柄从上模座中旋出，如图 3-1-16 所示。

图 3-1-15　打出凸模

图 3-1-16　旋出模柄

3. 拆下模

（1）用内六角扳手拆开连接下模座的凹模垫板、凹模上的固定螺钉，在下模座顶面向垫板方向打出定位销和挡料销，把凹模垫板与凹模从下模拆下，如图 3-1-17 所示。

（2）由于销钉和螺钉已拆开，凹模、凹模垫板与下模座分离，可以拆开，如图 3-1-18 所示。此副模具凹模、凹模垫板、下模座共用销钉和固定螺钉，拆卸比较方便。

图 3-1-17　拆下凹模垫板和凹模

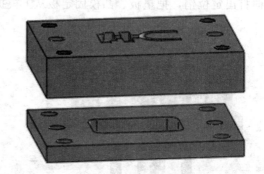

图 3-1-18　拆下模

4. 装配

根据该模具上、下模装配分解图确定装配顺序，如图 3-1-2、图 3-1-3 所示。清洗已拆卸的模具零件，按"先拆的零件后装、后拆的零件先装"的一般原则制订装配顺序。

（1）上模安装

①用游标卡尺测量凸模外形尺寸与固定板尺寸，防止凸模装错位置或方向。用铜棒把凸模打入凸模固定板相应的孔中，保证凸模底部与固定板底面相平。

②把固定板、垫板、上模座按拆卸时所做的标记合拢，对正销钉孔，打入销钉，用内六角头螺钉紧固。M8 以上螺钉需用加力杆（可用 4 分水管）来拧紧。

③安装上卸料板，紧固卸料螺钉，保证卸料板工作面高出凸模工作面 1～1.2 mm。

④安装模柄，打入销钉。

（2）下模安装　将凹模、凹模垫板按照工作位置放在下模座上，对正销钉孔，打入销钉，装入螺钉，拧紧。

（3）上下合模　合模前，导柱、导套加机油润滑。合模时，上、下模处于工作状态，即上模在上，下模在下，中间加等高垫铁或方木，防止合模到位后引起冲击。上、下模要平行，导柱、导套要顺滑，用铜棒轻击即可自动合拢。禁止上、下模在歪斜情况下强行合模。最后再一次检查现场周围有无零件掉落。

3.1.6　评价标准

拆装评价标准如表 3-1-1 所示。

表 3-1-1　拨叉单工序冲裁模拆装实习记录及成绩评定表

班级：_____　姓名：_____　学号：_____　成绩：_____

序号	技术要求	配分	评分标准	实测记录	得分
1	准备工作充分	10	每缺一项扣 2 分		
2	上、下模的正确拆卸	10	测试		
3	零件正确、规范的安放	20	总体评定		
4	拆卸过程安排合理	10	总体评定		
5	装配过程安排合理	10	总体评定		
6	上、下模的正确安装	20	测试		
7	工具的合理及准确使用	5	总体评定		
8	绘制模具总装草图	10	每错一处扣 1 分		
9	安全文明生产	5	违者每次扣 2 分		
10	工时定额 2h		每超 1h 扣 5 分		
11	现场记录				

3.1.7　归纳总结

1. 了解冷冲模的分类，实际生产中各种冷冲模的结构、组成及模具各部分的作用。
2. 了解冷冲模各零部件的固定方式。
3. 掌握正确的单工序冲裁模的拆装顺序与方法。
4. 熟悉模具拆装过程中需要的工具、设备，能熟练使用。
5. 能够在实际生产中综合运用所学知识。

3.2 冲孔落料复合模拆装

3.2.1 任务描述

本小节对垫片复合冲裁模进行拆装，其总装图如图 3-2-1 所示。

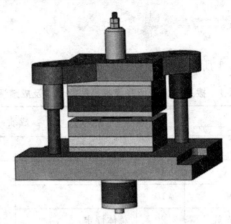

图 3-2-1 垫片复合冲裁模总装图

3.2.2 任务分析

复合模是一种多工序的冲模，是在压力机的一次工作行程中，在模具同一部位同时完成数道分离工序的模具。通过对压片冲孔复合模的拆装，如图 3-2-1 所示，了解冲压复合模具的整体结构、配合方式、工作原理，掌握各种钳工拆装工具的使用，掌握正确的模具拆装工艺，对模具进行相应要求的调试，使之达到要求，通过冲裁检测结果对制件进行判断是否合格。拆装评分标准见 3.2.6 节表 3-2-1。

3.2.3 任务准备

1. 选择模具

选择复合冷冲模一副，如图 3-2-1 所示（可根据实际生产情况予以选取）。

2. 拆装用操作工具

内六角扳手、旋具、平行铁、台虎钳、铜棒、锤子、盛物容器等。

3. 拆装用量具

游标卡尺、直角尺、钢直尺、千分尺等。

4. 实训准备

（1）小组人员分工　同组人员对拆卸、观察、测量、记录、绘图、装配等分工负责。

（2）工具准备　领用并清点拆装和测量所用的工量具，了解工量具的使用方法及使用要求。实训结束时按清单清点工量具，交指导教师验收。

（3）熟悉实训要求　要求复习有关理论知识，详细阅读本指导书，对实训报告所要求的内容在实训过程中做详细的记录。

3.2.4　相关工艺知识

1. 冲孔落料复合模的分类

复合模在结构上的主要特征是有一个既是落料凸模又是冲孔凹模的凸凹模。按照复合模工作零件的安装位置不同，分为正装式复合模和倒装式复合模。

（1）正装式复合模　凸凹模装在上模座的称为正装式复合模。凸凹模起落料凸模和冲孔凹模的作用，它与落料凹模配合完成落料工序，与冲孔凸模配合完成冲孔工序，在冲模的同一工位上，凸凹模一次完成落料、冲孔两道工序；冲裁结束后，冲件卡在落料凹模内腔由推料块推出，板料由卸料板卸下，冲孔废料由打料杆打出。正装式较适合冲制材质较软或板料较薄、平直度要求较高的冲裁件，还可以冲制孔边距较小的冲裁件。

（2）倒装式复合模　凸凹模装在下模座的称为倒装式复合模。凸凹模的作用与正装复合模相同。但倒装复合模通常采用刚性推料装置，在冲裁结束后，冲件卡在落料凹模内腔由打料块打推出，板料由卸料板卸下，冲孔废料直接由冲孔凸模从凸凹模内孔推下，无顶件装置，结构简单，操作方便。倒装式复合模不宜冲制孔边距较小的冲裁件，但结构简单，可以直接利用压力机的打杆装置进行推件，卸料可靠，便于操作。

2. 复合模的基本结构

复合模主要由上模和下模两大部分组成。它的特点是能一次完成制件的落料、冲孔工序。模具的上下往复运动由导柱、导套导向，工作零件凸模、凹模、凸凹模分别紧固在固定板内或上、下模座上，卸料机构由卸料板、卸料螺钉、橡胶或弹簧、打料杆、推料块等构成，主要作用是将成品或废料从模具中顶出，确保下一循环的冲裁顺利进行。图 3-2-1 所示是垫片冲孔落料复合模，图 3-2-2、图 3-2-3 为上、下模分解图，从而可了解本正装式复合模的基本结构组成。

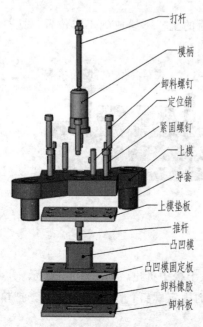

图 3-2-2　冲孔落料复合模上模分解图

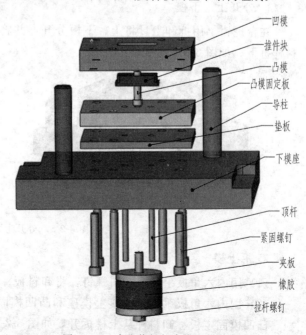

图 3-2-3　冲孔落料复合模下模分解图

3. 本复合模结构工作原理

本复合模由上模和下模组成，特点是能一次完成制件的落料、冲孔工序。当上模座下行时，先由导柱进入导套，然后继续下行，卸料板压紧板料，凸凹模一次完成落料、冲孔两道工序，冲裁结束后，制件卡在落料凹模内腔由推料块推出，板料由卸料板卸下，冲孔废料由打杆打出，完成一次冲裁，如图 3-2-4 所示。

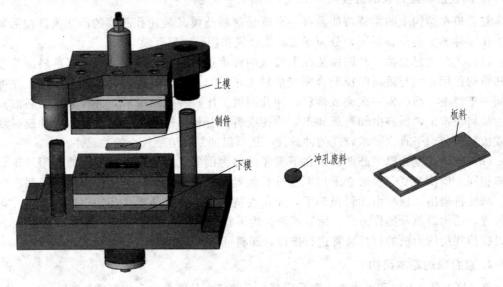

图 3-2-4　垫片复合模与制件示意图

3.2.5　任务实施

1. 分开上、下模

在台虎钳上用拆卸工具将上、下模分开，并将分开后的上、下模放到工作位置，把打料杆拆下，如图 3-2-5 所示。

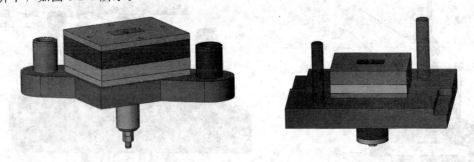

图 3-2-5　分开上、下模

2. 拆上模

（1）用内六角扳手拆开卸料螺钉，将卸料板、橡胶从上模中拆出，如图 3-2-6 所示。

（2）用内六角扳手拆开连接上模座和凸凹模固定板的固定螺钉，敲出定位销钉，把垫板、凸凹模固定板、卸料杆从上模拆开，如图 3-2-7 所示。

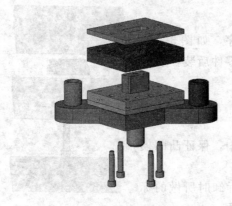

图 3-2-6 拆下卸料板、橡胶

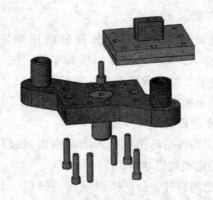

图3-2-7 拆下垫板、凸凹模固定板、卸料杆

（3）将垫板与固定在凸凹模固定板上的凸凹模拆开（此凸凹模与凸凹模固定板为台阶式固定），如图 3-2-8 所示。

（4）用铜棒将压入式模柄从上模座中轻轻敲出，拆下防转销钉，如图 3-2-9 所示。

图 3-2-8 将垫板与凸凹模分开

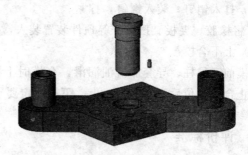

图 3-2-9 敲出模柄

3. 拆下模

（1）用内六角扳手将拉杆螺钉拆开，将橡胶、夹板、顶料杆等顶件装置从下模上拆下，如图 3-2-10 所示。

（2）用内六角扳手将固定螺钉拆出，将定位销轻轻敲出，把下模垫板、凸模固定板、凹模从下模拆下，如图 3-2-11 所示。

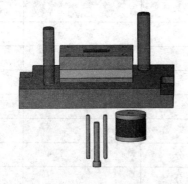

图 3-2-10 拆下橡胶、夹板、顶料杆

图 3-2-11 拆下下模垫板、凸模固定板、凹模

（3）由于销钉和螺钉已拆开，将凹模、推件块、凸模、凸模固定板、下模垫板与下模座分离，如图 3-2-12 所示。

4. 装配

根据该模具上、下模装配分解图确定装配顺序，如图 3-2-2、图 3-2-3 所示。清洗已拆卸的模具零件，按"先拆的零件后装，后拆的零件先装"的一般原则制订装配顺序。

（1）上模安装

① 安装模柄，打入销钉。

② 用铜棒把凸凹模打入凸凹模固定板相应的孔中，保证凸凹模底部与固定板底面相平。

③ 把卸料杆、凸凹模固定板、垫板、上模座按拆卸时所做的标记合拢，对正销钉孔，打入销钉，用内六角头螺钉紧固。

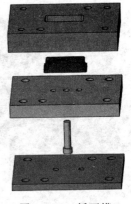

图 3-2-12 拆下模

④ 安装卸料橡胶、卸料板，紧固卸料螺钉，保证卸料板工作面高出凸模工作面 1～1.2 mm。

（2）下模安装

① 将凹模、推件块、凸模、凸模固定板、下模垫板按照工作位置放在下模座上，对正销钉孔，打入销钉，装入螺钉，拧紧。

② 将橡胶、夹板、顶料杆等顶件装置装入，拧紧拉杆螺钉。

（3）上下合模

合模前，导柱、导套加机油润滑，合模时上模在上，下模在下，中间加等高垫铁或方木，防止合模到位后引起冲击。上、下模一定要平行，用铜棒轻击至合拢。

3.2.6 评价标准

拆装评价标准如表 3-2-1 所示。

表 3-2-1 垫片冲孔落料复合冲裁模拆装实习记录及成绩评定表

班级：_____ 姓名：_____ 学号：_____ 成绩：_____

序号	技术要求	配分	评分标准	实测记录	得分
1	准备工作充分	10	每缺一项扣 2 分		
2	上、下模的正确拆卸	10	测试		
3	零件正确、规范的安放	20	总体评定		
4	拆卸过程安排合理	10	总体评定		
5	装配过程安排合理	10	总体评定		
6	上、下模的正确安装	20	测试		
7	工具的合理及准确使用	5	总体评定		
8	绘制模具总装草图	10	每错一处扣 1 分		
9	安全文明生产	5	违者每次扣 2 分		
10	工时定额 2 h		每超 1 h 扣 5 分		
11	现场记录				

3.2.7　归纳总结

1. 了解复合模工作原理、模具结构、模具零件的配合关系。
2. 掌握复合模拆装顺序。
3. 熟练使用复合模具拆装过程中需要的工具。
4. 掌握模具拆装的技能、技巧。
5. 能够在实际生产中综合运用所学知识。

3.3　垫片级进模拆装

3.3.1　任务描述

本小节进行垫片级进模拆装，其总装图如图 3-3-1 所示。

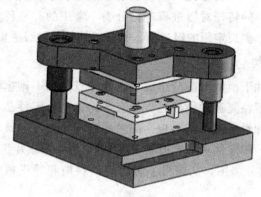

图 3-3-1　垫片级进模总装图

3.3.2　任务分析

级进模又称连续模，是一种多工序模，具有两个或两个以上的工位。所谓"级进"是指在压力机滑块的一次行程中，按一定的顺序，在模具的不同位置上完成两种以上的冲压。它可使切边、切口、冲孔、弯曲、落料等多种工序在一副模具上完成，甚至可以完成成形工序与装配工序，是一种工位多、效率高的冲模。通过对典型级进模的拆装，了解级进模具的整体结构、配合方式、工作原理，掌握各种拆装工具的使用，掌握正确的拆装工艺，对模具进行相应要求的调试，使之达到要求，通过冲压检测结果对制件进行判断是否合格。拆装评分标准见 3.3.6 节表 3-3-1。

3.3.3　任务准备

1. 选择模具

选择中等复杂级进模一副，如图 3-3-1 所示（可根据实际生产情况予以选取）。

2. 拆装用操作工具

内六角扳手、旋具、平行铁、台虎钳、铜棒、锤子、盛物容器等。

3. 拆装用量具

游标卡尺、直角尺、钢直尺、千分尺等。

4. 实训准备

(1) 小组人员分工　同组人员对拆卸、观察、测量、记录、绘图、装配等分工负责。

(2) 工具准备　领用并清点拆装和测量所用的工量具，了解工量具的使用方法及使用要求。实训结束时按清单清点工量具，交指导教师验收。

(3) 熟悉实训要求　要求复习有关理论知识，详细阅读本指导书，对实训报告所要求的内容在实训过程中做详细的记录。

3.3.4　相关工艺知识

1. 级进模的分类

根据级进模定位零件的特征对级进模进行分类，常用的有三种典型结构：固定挡料销和导正销定位的级进模、侧刃定距的级进模、有自动挡料销的级进模。

2. 级进模的基本结构

级进模主要由上模和下模两大部分组成。它的特点是在一副模具上可完成冲孔、落料等多种工序。模具的上下往复运动由导柱、导套导向，工作零件凸、凹模分别紧固在固定板内或上、下模座上，卸料机构由卸料板、卸料螺钉、橡胶或弹簧等构成，定位零件主要由始用挡料块、导正销、固定挡料销等构成。图 3-3-1 所示是垫片级进模装配图，图 3-3-2、图 3-3-3 所示为上、下模分解图，从而可了解固定挡料销和导正销定位级进模的基本结构组成。

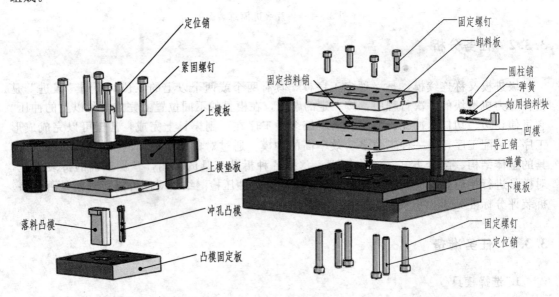

图 3-3-2　垫片级进模上模分解图　　　图 3-3-3　垫片级进模下模分解图

3. 本级进模结构工作原理

条料穿入卸料板槽内，初次冲裁时，由始用挡料块向内移动，使板料定位后，上模下行，冲孔凸模接触板料冲出小方孔，上模上升，板料前移，始用挡料块在弹簧作用下复位，板料级进步距由固定挡料销粗定位，装在凹模上的导正销同时进入小方孔内进行精确定位。然后上模第二次下行，落料凸模与冲孔凸模同时作用，在落料的同时，又在冲孔工位上冲出方孔。随着条料的连续送进，在模具的几对凸模和凹模作用下分别完成冲孔和落料工作，压力机的每次行程可得一个制件，如图 3-3-4 所示。

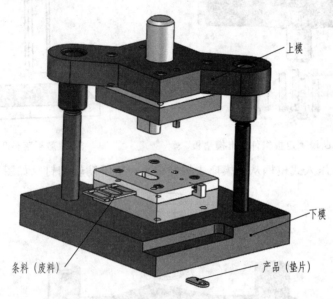

图 3-3-4　垫片级进模与制件示意图

3.3.5　任务实施

1. 分开上、下模

在钳桌台上用拆卸工具将上、下模分开，并将分开后的上、下模放到工作位置，如图 3-3-5所示。

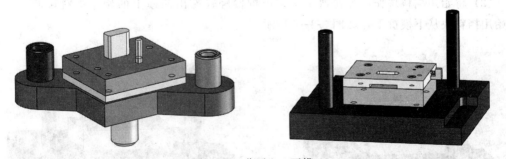

图 3-3-5　分开上、下模

2. 拆上模

（1）用内六角扳手拆开紧固螺钉，由上模座顶面向固定板方向打出定位销钉，将凸模固定板组件、上模垫板从上模中拆出，如图 3-3-6 所示。

（2）将上模垫板、凸模固定板组件分开，用铜棒轻轻敲下落料凸模与冲孔凸模（此配合固定为台阶黏结式固定），如图 3-3-7 所示。

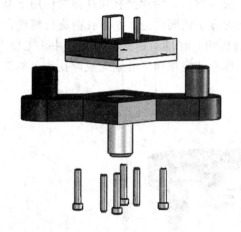

图 3-3-6　拆出凸模固定板组件、上模垫板

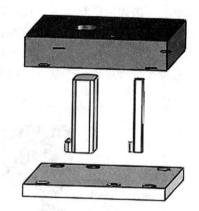

图 3-3-7　敲下落料凸模和冲孔凸模

（3）用铜棒将压入式模柄从上模座中轻轻敲出，拆下防转销钉，如图 3-3-8 所示。

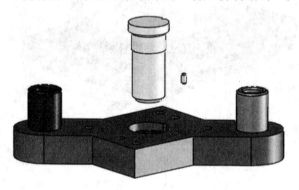

图 3-3-8　敲出模柄

3. 拆下模

（1）用内六角扳手拆开卸料板上的紧固螺钉，取下卸料板，如图 3-3-9 所示。

（2）将始用挡料块作用弹簧取下，用小铜棒轻轻敲出凹模上的始用挡料块调节销钉，将始用挡料块从下模拆下，如图 3-3-10 所示。

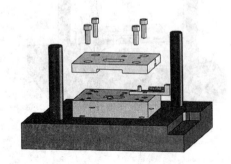

图 3-3-9　取下卸料板

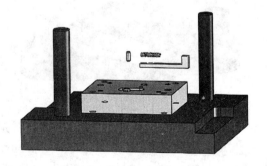

图 3-3-10　拆下始用挡料块

（3）用内六角扳手拆开下模板上的紧固螺钉，由下模板底面向凹模板方向打出定位销钉，将凹模板从下模中拆下，并取出导正销与弹簧，如图3-3-11所示。

（4）将凹模上的固定挡料销用铜棒轻轻敲出，如图3-3-12所示。

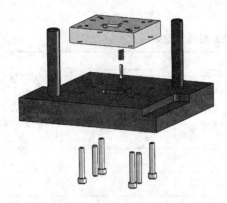

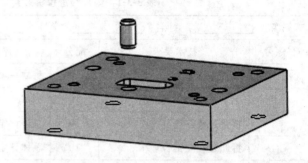

图 3-3-11　拆下凹模板　　　　　　图 3-3-12　敲出固定挡料销

4. 装配

根据该模具上下模装配分解图确定装配顺序，如图3-3-2、图3-3-3所示。清洗已拆卸的模具零件，按"先拆的零件后装，后拆的零件先装"的一般原则制订装配顺序。

（1）上模安装

① 将两个凸模分别压入凸模固定板中，黏结，将凸模固定板、上模垫板对齐。

② 把凸模固定板、上模垫板、上模板按拆卸时所做的标记合拢，对正销钉孔，打入销钉，用内六角头螺钉紧固。

③ 安装模柄，打入防转销钉。

（2）下模安装

① 用铜棒把固定挡料销打入凹模板相应的孔中，把导正销弹簧、导正销装入下模板相应孔中。

② 把凹模板、下模板按拆卸时所做的标记合拢，对正销钉孔，打入销钉，用内六角头螺钉紧固。

③ 将始用挡料块腰形孔对准销钉孔，用铜棒将始用挡料块销钉打入凹模板。

④ 将卸料板按拆卸标记装至凹模板上，拧紧四个固定螺钉。将固定挡料销弹簧一头装入卸料板弹簧孔内，另一头与固定挡料销直角面压紧。

（3）上下合模

导柱、导套加机油润滑。上、下模中间加等高垫铁或方木，防止合模到位后引起冲击。用铜棒轻击至合拢。禁止上、下模在歪斜情况下强行合模。再一次检查现场周围有无零件掉落。

3.3.6　评价标准

拆装评价标准如表 3-3-1 所示。

表 3-3-1　垫片级进模拆装实习记录及成绩评定表

班级：_____　姓名：_____　学号：_____　成绩：_____

序号	技术要求	配分	评分标准	实测记录	得分
1	准备工作充分	10	每缺一项扣 2 分		
2	上、下模的正确拆卸	10	测试		
3	零件正确、规范的安放	20	总体评定		
4	拆卸过程安排合理	10	总体评定		
5	装配过程安排合理	10	总体评定		
6	上、下模的正确安装	20	测试		
7	工具的合理及准确使用	5	总体评定		
8	绘制模具总装草图	10	每错一处扣 1 分		
9	安全文明生产	5	违者每次扣 2 分		
10	工时定额 2 h		每超 1 h 扣 5 分		
11	现场记录				

3.3.7　归纳总结

1. 了解级进模工作原理、各模具零件的配合关系。
2. 掌握级进模拆装顺序和拆装方法。
3. 熟练运用压入或黏结的方法来固定凸、凹模，保证装配精度。
4. 熟练使用模具拆装工具，掌握模具拆装的技能、技巧。
5. 能够在实际生产中综合运用所学知识。

3.4　U 形弯曲模拆装

3.4.1　任务描述

本小节进行 U 形弯曲模的拆装，其总装图如图 3-4-1 所示。

图 3-4-1　U形弯曲模总装图

3.4.2　任务分析

弯曲工艺所使用的模具称为弯曲模，弯曲是将板料、管材或棒料等按设计要求弯成一定的角度和一定的曲率，形成所需形状零件的冲压工序。如图 3-4-1 所示，通过对简单弯曲模进行拆装，了解弯曲模具的整体结构、配合方式、工作原理，掌握拆装工具的使用，掌握正确的模具拆装工艺，对模具进行相应要求的调试，使之达到要求，通过冲压检测结果对制件进行判断是否合格。拆装评分标准见 3.4.6 节表 3-4-1。

3.4.3　任务准备

1. 选择模具
选择中等复杂的弯曲模一副，如图 3-4-1 所示（可根据实际生产情况予以选取）。

2. 拆装用操作工具
内六角扳手、旋具、平行铁、台虎钳、铜棒、锤子、盛物容器等。

3. 拆装用量具
游标卡尺、直角尺、钢直尺、千分尺等。

4. 实训准备
（1）小组人员分工　同组人员对拆卸、观察、测量、记录、绘图、装配等分工负责。

（2）工具准备　领用并清点拆装和测量所用的工量具，了解工量具的使用方法及使用要求。实训结束时按清单清点工量具，交指导教师验收。

（3）熟悉实训要求　要求复习有关理论知识，详细阅读本指导书，对实训报告所要求的内容在实训过程中做详细的记录。

3.4.4 相关工艺知识

1. 弯曲模结构特点

弯曲模的结构整体由上、下模两部分组成，模具中的工作零件、卸料零件、定位零件等的作用与冲裁模的零件基本相似，只是零件的形状不同。弯曲不同形状的弯曲件所采用的弯曲模结构有较大的区别。简单的弯曲模工作时只有一个垂直运动，复杂的弯曲模除垂直运动外，还有一个或多个水平动作。常见的弯曲模结构类型有：单工序模、级进模、复合模和通用弯曲模等。

(1) 单工序弯曲模　常见的为 V 形弯曲模、U 形弯曲模、Z 形弯曲模、圆形弯曲模等，如图 3-4-2、图 3-4-3、图 3-4-4、图 3-4-5 所示。其特点是结构简单、通用性好。但弯曲时坯料容易偏移，影响工件精度。

(2) 级进模　对于批量大、尺寸较小的弯曲件，为了提高生产效率，操作安全，保证产品质量，采用级进弯曲模进行多工位的冲裁、压弯、切断连续工序成形，如图 3-4-6 所示。

(3) 复合模　对于尺寸不大的弯曲件，也可采用复合模，即在压力机一次行程内，在模具同一位置上完成落料、弯曲、冲孔等几种不同工序。该模具结构紧凑，工件精度高，但凸、凹模修磨困难，如图 3-4-7 所示。

(4) 通用弯曲模　凹模四个面上分别制出适用于弯制零件的几种槽口，以供弯曲多种角度使用，凸模按工件弯曲角和圆角半径大小更换，提高了生产效率。

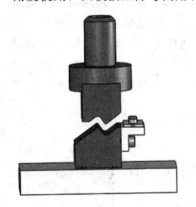

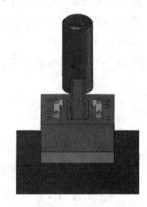

图 3-4-2　Z 形弯曲模　　　　图 3-4-3　V 形弯曲模　　　　图 3-4-4　U 形弯曲模

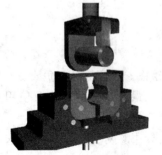

图 3-4-5　圆形弯曲模　　　　图 3-4-6　精密级进模　　　　图 3-4-7　弯曲复合模

2. 单工序弯曲模的基本结构

凸模装在模柄槽内并用螺钉固定，凹模通过螺钉和销钉直接固定在下模座上，托料块和卸料螺钉、橡胶弹顶装置组成顶出装置和压料装置，坯料由定位板定位。图示3-4-1是U形弯曲模总装图，图3-4-8、图3-4-9为上、下模分解图，从而可了解单工序弯曲模的基本结构组成。

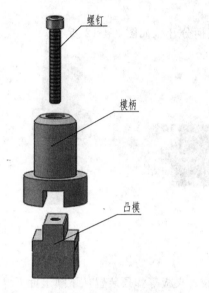

图 3-4-8　U 形弯曲模上模分解图

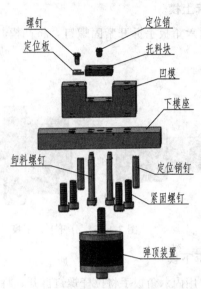

图 3-4-9　U 形弯曲模下模分解图

3. 本弯曲模工作原理

坯料由定位板定位后，上模下行，在凸模接触坯料的同时，托料块在弹顶装置的作用下，始终与坯料和凸模紧密接触，从而起到对坯料的压料、定位作用。然后上模继续下行，坯料发生弯曲，橡胶压缩使托料块与坯料和凸模间的压力增大，确保在坯料弯曲时不发生位移。弯曲结束后，上模回程时，橡胶回弹，托料块将弯曲件从凹模内顶出，完成一次弯曲冲压，如图3-4-10所示。

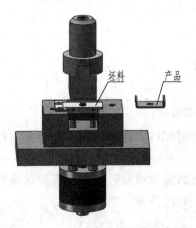

图 3-4-10　U 形弯曲模工作示意图

3.4.5 任务实施

1. 分开上、下模

将分开后的上、下模平放到工作位置，如图 3-4-11 所示。

2. 拆上模

用内六角扳手拆开紧固螺钉，将凸模与模柄分开，如图 3-4-12 所示。

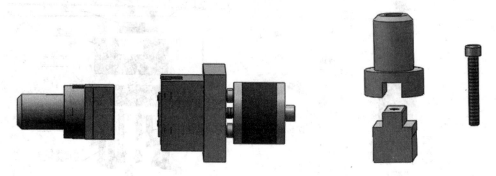

图 3-4-11 分开上、下模　　　　　　　　　　　　图 3-4-12 拆上模

3. 拆下模

（1）用内六角扳手将拉杆螺钉拆开，将橡胶、夹板等弹顶装置从下模上拆下，如图 3-4-13 所示。

（2）用螺钉旋具将下模卸料螺钉拆开，将托料块拆下，如图 3-4-14 所示。

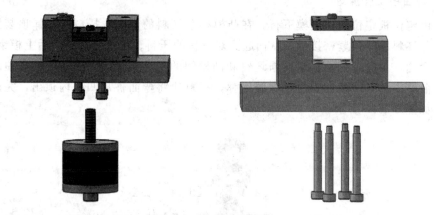

图 3-4-13 拆下弹顶装置　　　　　　　　　图 3-4-14 拆下托料块

（3）用内六角扳手拆开紧固螺钉，由凹模向下模板方向打出定位销钉，将下模座板与凹模分开，如图 3-4-15 所示。

（4）用小铜棒将托料块上的定位销轻轻敲出。用梅花螺钉旋具将凹模定位板上的螺钉松开，将定位板拆出，如图 3-4-16 所示。

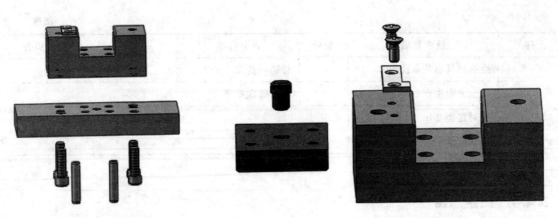

图 3-4-15 分开下模座板与凹模　　　　　图 3-4-16 拆出定位板

4. 装配

根据该模具上、下模装配分解图确定装配顺序，如图 3-4-8、图 3-4-9 所示。清洗已拆卸的模具零件，按"先拆的零件后装，后拆的零件先装"的一般原则制订装配顺序。

（1）上模安装　将凸模放入模柄槽内，对好螺钉孔，用内六角头螺钉紧固。

（2）下模安装

① 将托料块上的定位销敲入销钉孔内，将凹模上的定位板装好。

② 将凹模按照工作位置放在下模座板上，对正销钉孔，打入销钉，装入螺钉，拧紧。

③ 将托料块按工作位置放入凹模，拧上卸料螺钉。

④ 安装下模弹顶装置。

（3）上下合模检查。

3.4.6 评价标准

拆装评价标准如表 3-4-1 所示。

表 3-4-1　U 形弯曲模拆装实习记录及成绩评定表

班级：＿＿＿＿＿　姓名：＿＿＿＿＿　学号：＿＿＿＿＿　成绩：＿＿＿＿＿

序号	技术要求	配分	评分标准	实测记录	得分
1	准备工作充分	10	每缺一项扣 2 分		
2	上、下模的正确拆卸	10	测试		
3	零件正确、规范的安放	20	总体评定		
4	拆卸过程安排合理	10	总体评定		
5	装配过程安排合理	10	总体评定		
6	上、下模的正确安装	20	测试		
7	工具的合理及准确使用	5	总体评定		

序号	技术要求	配分	评分标准	实测记录	得分
8	绘制模具总装草图	10	每错一处扣 1 分		
9	安全文明生产	5	违者每次扣 2 分		
10	工时定额 2 h		每超 1 h 扣 5 分		
11	现场记录				

3.4.7 归纳总结

1. 了解弯曲模工作原理、各模具零件的配合关系。
2. 掌握弯曲模拆装顺序和拆装方法。
3. 熟练运用定位、装配、紧固的操作方法和技巧，保证装配精度。
4. 熟悉模具拆装过程中需要的工具、设备，能熟练使用。
5. 能够在实际生产中综合运用所学知识。

3.5 筒形拉深模拆装

3.5.1 任务描述

本小节进行筒形拉深模拆装，其总装图如图 3-5-1 所示。

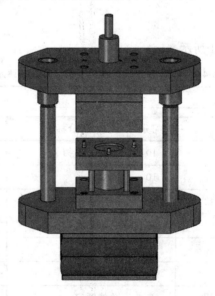

图 3-5-1 筒形拉深模总装图

3.5.2 任务分析

拉深使用的模具叫拉深模,拉深(又称拉延)是利用拉深模在压力机的压力下,将平板坯料或空心工件制成开口空心零件的加工方法。通过对筒形拉深模的拆装,了解拉深模具的整体结构、配合方式、工作原理,掌握各种钳工拆装工具的使用,掌握正确的拆装工艺,对模具进行相应要求的调试,使之达到要求,通过拉深检测结果对制件进行判断是否合格。拆装评分标准见3.5.6节表3-5-1。

3.5.3 任务准备

1. 选择模具

选择中等复杂拉深模一副,如图3-5-1所示(可根据实际生产情况予以选取)。

2. 拆装用操作工具

内六角扳手、旋具、平行铁、台虎钳、铜棒、锤子、盛物容器等。

3. 拆装用量具

游标卡尺、直角尺、钢直尺、千分尺等。

4. 实训准备

(1) 小组人员分工 同组人员对拆卸、观察、测量、记录、绘图、装配等分工负责。

(2) 工具准备 领用并清点拆装和测量所用的工量具,了解工量具的使用方法及使用要求。实训结束时按清单清点工量具,交指导教师验收。

(3) 熟悉实训要求 要求复习有关理论知识,详细阅读本指导书,对实训报告所要求的内容在实训过程中做详细的记录。

3.5.4 相关工艺知识

1. 拉深模的分类

拉深模结构相对比较简单,根据拉深模使用的压力机类型不同,可分为单动力机用拉深模和双动力机用拉深模;根据拉深顺序可分为首次拉深模和以后各次拉深模;根据工序组合可分为单工序拉深模、复合工序拉深模和连续工序拉深模;根据压料情况可分为有压边装置拉深模和无压边装置拉深模。

2. 拉深模的基本结构

拉深模主要由上模和下模两大部分组成。模具的上下往复运动由导柱、导套导向,工作零件拉深凸、凹模分别紧固在固定板内或上、下模座上。压边装置由压边圈、卸料螺钉、橡胶或弹簧、推杆、推件板等构成,主要作用是将成品从模具中推出,确保下一循环的冲压顺利进行,图3-5-2、图3-5-3所示为有压边装置筒形拉深模上、下模分解图,从而可基本了解拉深模的基本结构组成。

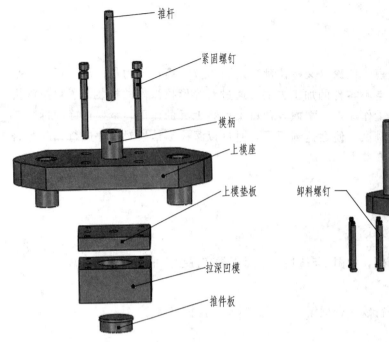

图 3-5-2　筒形拉深模上模分解图

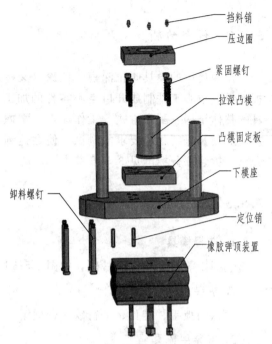

图 3-5-3　筒形拉深模下模分解图

3. 本拉深模结构工作原理

坯料由挡料销、压边圈定位，上模下行，与坯料和压边圈接触后继续下行，使坯料始终在凹模和压边圈之间处于压紧状态，坯料接触凸模后进入凹模开始拉深。上模继续下行，使坯料接触凸模后进入凹模开始拉深至坯料完全脱离压边圈后拉深结束。拉深结束后，上模回程至最高点，依靠压力机上的打料机构将制件从凹模中推出，完成一次拉深，如图 3-5-4所示。

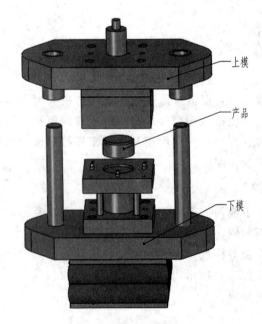

图 3-5-4　筒形拉深模工作示意图

3.5.5 任务实施

1. 分开上、下模

在钳桌台上用拆卸工具将上、下模分开，并将分开后的上、下模放到工作位置，把推杆拆下，如图 3-5-5 所示。

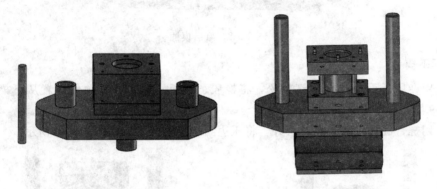

图 3-5-5 分开上、下模

2. 拆上模

（1）用内六角扳手拆开紧固螺钉，由上模座顶面向固定板方向打出定位销钉，将拉深凹模、上模垫板从上模中拆出，如图 3-5-6 所示。

（2）将拉深凹模、推料板、上模垫板分开，如图 3-5-7 所示。

图 3-5-6 拆出拉深凹模、上模垫板

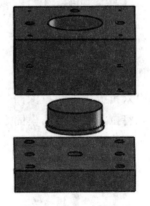

图 3-5-7 分开拉深凹模、推料板、上模垫板

（3）用铜棒将压入式模柄从上模座中轻轻敲出，拆下防转销钉，如图 3-5-8 所示。

图 3-5-8　敲出模柄

3. 拆下模

（1）用专用扳手将拉杆螺钉拆松，将橡胶、夹板、顶料杆等顶件装置从下模上拆下，如图 3-5-9 所示。

（2）用螺钉旋具将卸料螺钉松开，将压边圈从下模拆下，如图 3-5-10 所示。

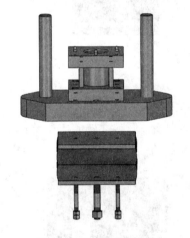

图 3-5-9　拆下顶件装置

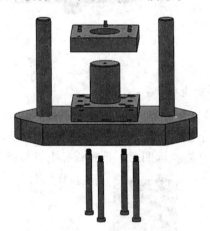

图 3-5-10　拆下压边圈

（3）用内六角扳手拆开拉深凸模固定板上的紧固螺钉，由上模座顶面向固定板方向打出定位销钉，将拉深凸模、凸模固定板从下模中拆出，如图 3-5-11 所示。

（4）将拉深凸模、凸模固定板分开，将压边圈上的挡料销轻轻敲出，如图 3-5-12 所示。

图 3-5-11　拆出拉深凸模、凸模固定板

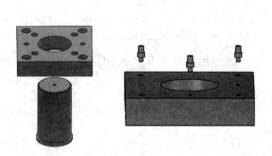

图 3-5-12　敲出挡料销

4. 装配

根据该模具上、下模装配分解图确定装配顺序，如图 3-5-2、图 3-5-3 所示。清洗已拆卸的模具零件，按"先拆的零件后装，后拆的零件先装"的一般原则制订装配顺序。

（1）上模安装

① 将打料块装入凹模中，将凹模板、上模垫板对齐。

② 把凹模板、上模垫板、上模座按拆卸时所做的标记合拢，对正销钉孔，打入销钉，用内六角头螺钉紧固。

③ 安装模柄，打入销钉。

（2）下模安装

① 用铜棒把拉深凸模打入凸模固定板相应的孔中，保证凸模底部与固定板底面相平。

② 把凸模固定板、下模座按拆卸时所做的标记合拢，对正销钉孔，打入销钉，用内六角头螺钉紧固。

③ 将压边圈套上拉深凸模，拧紧四个卸料螺钉，将挡料销装入压边圈。

④ 将橡胶、夹板、顶料杆等顶件装置装入，拧紧拉杆螺钉。

（3）上下合模

合模前，导柱、导套加机油润滑。合模时，上、下模处于工作状态，即上模在上，下模在下，中间加等高垫铁或方木，防止合模到位后引起冲击。上、下模要平行，导柱、导套要顺滑，用铜棒轻击即可自动合拢。禁止上、下模在歪斜情况下强行合模。最后再一次检查现场周围有无零件掉落。

3.5.6 评价标准

拆装评价标准如表 3-5-1 所示。

表 3-5-1　筒形拉深模拆装实习记录及成绩评定表

班级：＿＿＿＿＿　姓名：＿＿＿＿＿　学号：＿＿＿＿＿　成绩：＿＿＿＿＿

序号	技术要求	配分	评分标准	实测记录	得分
1	准备工作充分	10	每缺一项扣 2 分		
2	上、下模的正确拆卸	10	测试		
3	零件正确、规范的安放	20	总体评定		
4	拆卸过程安排合理	10	总体评定		
5	装配过程安排合理	10	总体评定		
6	上、下模的正确安装	20	测试		
7	工具的合理及准确使用	5	总体评定		
8	绘制模具总装草图	10	每错一处扣 1 分		
9	安全文明生产	5	违者每次扣 2 分		
10	工时定额 2 h		每超 1 h 扣 5 分		
11	现场记录				

3.5.7 归纳总结

1. 了解拉深模工作原理、各模具零件的配合关系。
2. 掌握拉深模拆装顺序和拆装方法。
3. 熟练掌握间隙调整操作方法和技巧，保证装配精度。
4. 熟练使用模具拆装工具。
5. 能够在实际生产中综合运用所学知识。

思 考 练 习

1. 冷冲模拆装实训的目的与要求是什么？
2. 简述冷冲模拆装注意事项。
3. 冲模的装配方法及装配要点是什么？
4. 简述冷冲模凸、凹模的几种结构形式及其固定方法。

第4章 冷冲模的安装与调试

学习目标：

1. 掌握冷冲模安装要求、准备工作及正确的安装步骤，具备将模具安装于压力机上的技能，具备压力机的调节技能。

2. 掌握冲模的试模和各类冲模的调整方法，培养分析问题与解决问题的能力。

本模块主要学习冲压模具在压力机上拆装及调试方面的知识，冲压模具的安装是否正确合理，不仅影响冲压件的质量，而且还影响模具的寿命以及工作安全。

在安装与试模前应熟悉冲模的结构特点及工作原理，掌握所加工零件的形状、尺寸精度和技术要求，掌握工艺流程和各工序要点。可以用煤油、天那水、酒精或专用的清洗剂对模具进行清洗，用压缩空气吹扫，用不起毛的布擦干。检查冲模的表面质量；检查配合面的间隙以及有无变形和裂纹等缺陷；检查模具的闭合高度与压力机是否相符，压力机的公称压力是否满足冲模工艺力的要求，冲模的安装槽（孔）位置是否与压力机相适应，压力机的漏料孔是否与模具相匹配，压力机的制动器、离合器及操作机构是否工作正常；调整压力机上的打料螺钉至合适位置，以免顶坏打料机构。

4.1 冷冲模安装

4.1.1 任务描述

本小节进行冷冲模的安装，其安装简图如图 4-1-1 所示。

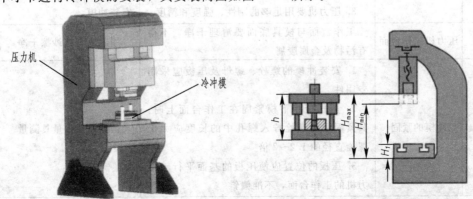

图 4-1-1 冷冲模安装简图

4.1.2　任务分析

调试冲模及批量生产冲压件，都必须正确安装在指定的压力机上进行。冲模的安装是否正确合理，不仅影响冲压件的质量，而且还影响模具的寿命以及工作安全。

4.1.3　任务准备

1. 压力机

选用 JC23-25 开式可倾压力机进行垫片冲孔落料复合模安装。

2. 安装工具

内六角扳手、12 in（300 mm）活扳手、旋具、平行铁、紧固螺栓、压板、垫块、铜棒、锤子、纸板、铜片、盛物容器等。

3. 安装用量具

百分表、磁力表座、塞尺、直角尺等。

4. 实训准备

（1）小组人员分工　同组人员对安装、观察、试冲、调试等分工负责。

（2）工具准备　领用并清点安装所用的工量具，了解工量具的使用方法及使用要求。实训结束时按清单清点工量具，交指导教师验收。

（3）熟悉实训要求　要求复习有关理论知识，详细阅读本指导书，对所要求的内容在实训过程中做详细的记录。

4.1.4　相关工艺知识

1. 冷冲模的安装要求（见表 4-1-1）

表 4-1-1　冷冲模的安装要求

项　号	项　　目	安装要求	检查方法
1	压力机的选用	1. 压力机的吨位应大于冲模的工艺力 2. 压力机的制动器、离合器及操作系统等机构的工作要正常 3. 压力机要用足够的刚性、强度和精度	按压力机起动手柄或脚踏板，滑块不应有连冲现象，若发现连冲，经修理或调整后再安装冲模
2	压力机工作台面	工作台面与模具底面要清理干净，不得有污物及金属废屑	用毛刷与棉纱擦干净
3	冲模的紧固	1. 安装冲模的螺栓、螺母及压板应采用专用件 2. 用压板将下模紧固在工作台面上时，其紧固用的螺栓拧入螺孔中的长度应大于螺栓直径的 1.2～2 倍 3. 压板的位置应使压板的基面平行于压力机的工作台面，不准偏斜	目测及使用量具测量

项 号	项 目	安装要求	检查方法
4	凸模进入凹模的深度	1. 冲裁厚度小于 2 mm，凸模进入凹模的深度不应超过 0.8 mm。硬质合金模具不超过 0.5 mm 2. 拉深模及弯曲模应采用试冲的方法，确定凸模进入凹模的深度	1. 弯曲模试冲时，可将样件放在凸、凹模之间，借助试件确定凸模进入凹模的深浅 2. 拉深模在调试时，可先把试件套入凸模上，当其全部进入凹模内，可将模具固定
5	凸模与凹模的相对位置	1. 冲模安装后，凸模的中心线应与凹模工作平面垂直 2. 凸模与凹模间隙应均匀	1. 利用直角尺测量 2. 利用塞块或试件检查

2. 冲压设备的选用

压力机根据冲压工序的性质、生产批量的大小、模具的外形尺寸以及现有设备等情况进行选择。压力机的选用包括压力机类型和压力机规格两项内容。表 4-1-2 为常用冲压设备工作原理和特点。图 4-1-2 所示为曲柄压力机，图 4-1-3 所示为双盘摩擦压力机，图 4-1-4 所示为高速冲床，图 4-1-5 所示为常用四柱液压机，根据不同情况进行合理选择。

表 4-1-2　常用冲压设备的工作原理和特点

类 型	设备名称	工作原理	特 点
机械压力机	摩擦压力机	利用摩擦盘与飞轮之间的相互接触而传递动力，借助螺杆与螺母相对运动原理而工作	结构简单，当超负荷时，只会引起飞轮与摩擦盘之间的滑动，而不致损坏机件。适于中小型件的冲压加工，在校正、压印和成形等冲压工序特别适宜
	曲柄压力机（分为偏心压力机和曲轴压力机）	利用曲柄连杆机构进行工作，电动机通过带轮及齿轮带动曲轴传动，经连杆使滑块作直线往复运动。曲轴压力机有开式压力机和闭式压力机之分	生产率高，适用于各类冲压加工
	高速冲床	工作原理与曲柄压力机相同，但其刚度、精度、行程次数都比较高，一般带有自动送料装置、安全检测装置等辅助装置	生产率很高，适用于大批量生产，模具一般采用多工位级进模
液压机	水压机油压机	利用帕斯卡原理，以水或油为工作介质，采用静压力传递进行工作，使滑块上下往复运动	压力大，而且是静压力，但生产率低。适用于拉深、挤压等成形工艺

图 4-1-2　曲柄压力机

图 4-1-3　双盘摩擦压力机

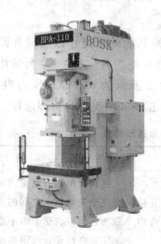

图 4-1-4　高速冲床

图 4-1-5　四柱液压机

3. 冷冲模的卸模方法

（1）清理模具，检查模具，上油，为下次生产准备。

（2）用手动或点动将滑块下降，使模具闭合。

（3）放松压力机上模柄的紧固螺钉，放松夹持块的紧固螺母。

（4）放松装模高度调节装置，适当抬高滑块。

（5）用手扳飞轮或点动，使滑块上升到上止点。

（6）拆除下模紧固螺栓、压板等。

（7）将模具从压力机上取下放入模具库内。

（8）将压力机模具夹紧块锁紧，将装模高度调节装置锁紧。

（9）清理压力机及工作场地，保持整洁。

4. 压力机安全操作规程

（1）暴露于压力机之外的传动部件，必须安装防护罩，禁止在卸下防护罩的情况下开机或试机。

（2）开机前应检查主要紧固螺钉有无松动，模具有无裂纹，操纵机构、自动停止装置、离合器、制动器是否正常，润滑系统有无堵塞或缺油。先开空机试验，再进行试冲。

（3）安装模具必须将滑块开到下止点，闭合高度必须正确，尽量避免偏心载荷；模具必须紧固牢靠，并经过试压检查。

（4）工作中注意力要集中，严禁将手和工具等物件伸进危险区内。小件一定要用专门工具（镊子或送料机构）进行操作。模具卡住坯料时，只准用工具去解脱。

（5）发现压力机运转异常或有异常声响（如连击声、爆裂声）应停止送料，检查原因。如是转动部件松动、操纵装置失灵、模具松动及缺损，应停机修理。

（6）每冲完一个工件时，手或脚必须离开按钮或踏板，以防止误操作。

4.1.5 任务实施

1. 安装前检查

（1）检查压力机 压力机结构及原理如图 4-1-6、图 4-1-7 所示。

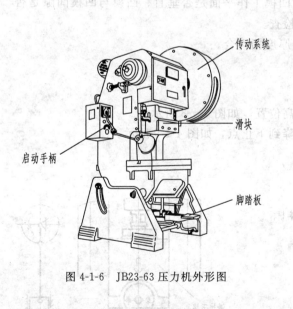

图 4-1-6 JB23-63 压力机外形图

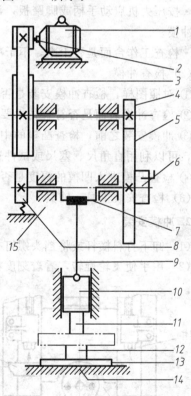

图 4-1-7 JB23-63 压力机原理图
1—电动机；2—小带轮；3—大带轮（飞轮）；
4—小齿轮；5—大齿轮；6—离合器；7—曲轴；
8—制动器；9—连杆；10—滑块；11—上模；
12—下模；13—垫板；14—工作台；15—机身

① 按表 4-1-3 核对压力机技术指标。

表 4-1-3 JC23-25 开式可倾压力机技术指标

项目	指标	项目	指标
公称压力/kN	250	连杆调节长度/mm	55
滑块行程/mm	65	滑块中心线至床身距离/mm	200
滑块行程次数	105	工作台尺寸/mm	370×270
最大闭合高度/mm	270	模柄孔尺寸/mm	$\phi 40 \times 60$

② 检查压力机的技术状态。

· 检查压力机的制动器、离合器及操纵机构是否正常工作。

· 检查压力机上的打料螺钉，并把它调整到适当位置，以免调节滑块的闭合高度时，顶弯或顶断压力机上的打料机构。

· 按压力机启动手柄或脚踏板，滑块不应有连冲现象，若发生连冲，经调整消除后再安装冲模。

· 检查工作台面是否干净，不干净则用毛刷及棉纱擦拭干净。

(2) 检查冲模

① 对照图样，检查冲模安装是否完整。

② 检查冲模表面是否符合技术要求。

③ 冲模安装之前，检查凸模的中心线与凹模工作平面是否垂直、凸模与凹模间隙是否均匀，可以利用直角尺、塞尺或试件进一步检查。

④ 检查凸模进入凹模的深度是否与板料厚度相符合。

(3) 检查安装工具、辅具。

2. 冲模安装

(1) 卸下打料横杆或将挡头螺钉拧到最高位置，如图 4-1-8 所示。

(2) 用手使飞轮旋转，看着刻度将滑块降到下止点，如图 4-1-9 所示。

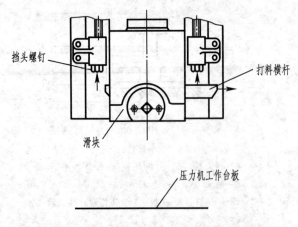

图 4-1-8 卸下打料螺钉或将挡头螺钉拧到最高位置

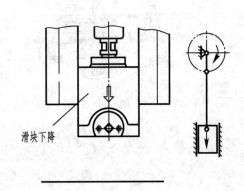

图 4-1-9 将滑块降到下止点

（3）调节压力机的装模高度，使其略大于模具的闭合高度，如图 4-1-10 所示。冲模的闭合高度必须要经过测定，其值要满足下式关系：

$$H_1 - 5\ \text{mm} \geqslant H_{\text{模}} \geqslant H_2 + 10\ \text{mm}$$

式中　H_1——压力机最大装模高度（mm）；

　　　H_2——压力机最小装模高度（mm）；

　　　$H_{\text{模}}$——冲模的闭合高度（mm）。

（4）卸下模具夹持块，如图 4-1-11 所示。

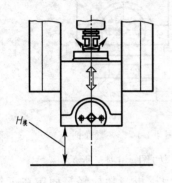

图 4-1-10　调整装模高度

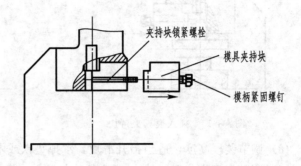

图 4-1-11　卸下模具夹持块

（5）将模具放到工作台上，使模柄进入滑块的模柄孔内。先装上模的可用垫铁或木块将上模垫起放到工作台上，上、下模同时安装的，上、下模间要用垫铁或木块垫起，如图 4-1-12 所示。

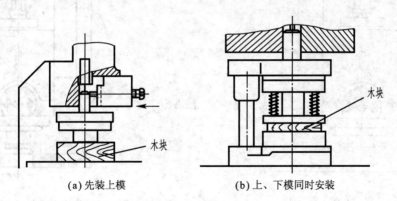

(a) 先装上模　　　　　　　　(b) 上、下模同时安装

图 4-1-12　垫木块

（6）插入模具夹持块，如图 4-1-13 所示。

（7）调节装模高度，使上模平面紧贴滑块底平面，紧固夹持块的螺母，把模柄夹紧，如图 4-1-14 所示。

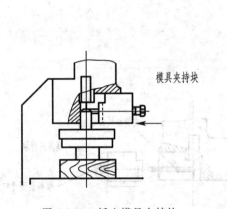

模具夹持块

图 4-1-13　插入模具夹持块

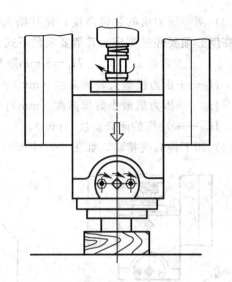

图 4-1-14　夹紧模柄

（8）调节装模高度，适当抬升滑块，拿掉垫铁或木块，如图 4-1-15 所示。

（9）调整好下模位置，使上、下模对中闭合。将下模用压板与螺栓轻轻固定在工作台上，紧固的位置应考虑送料方便和操作安全，如图 4-1-16 所示。

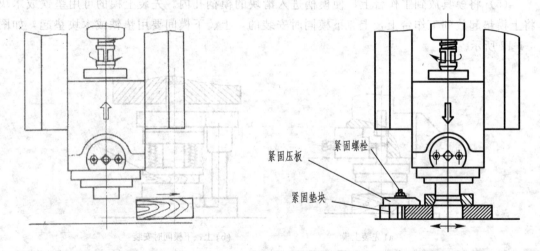

图 4-1-15　拿掉木块

紧固压板　紧固螺栓

紧固垫块

图 4-1-16　将下模紧固

（10）调整装模高度，确定上、下模闭合高度，锁紧装模高度调节装置，充分紧固下模，如图 4-1-17 所示。

（11）用手动或点动正转飞轮，使滑块上升到上止点。安装打料横杆，或将挡头螺钉旋转下移并固定在正确位置上，保证打料顺利，如图 4-1-18 所示。

（12）模具用布擦拭干净，导柱加油润滑，做好冲压准备。

（13）空试机：用点动或手动旋转一圈，认直检查压力机、模具有无异常，然后进行数次空运转。

（14）试冲：冲 2～3 件正式冲件，检验质量是否符合要求，确认废料是否准确下落，有无阻碍。

（15）做好生产准备。

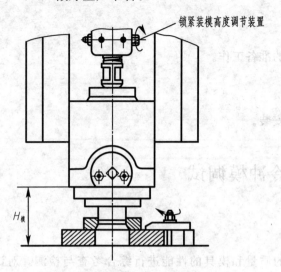

图 4-1-17　锁紧装模高度调节装置

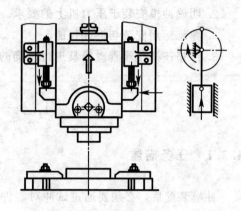

图 4-1-18　将挡头螺钉旋转下移固定

4.1.6　评价标准

安装评价标准见表 4-1-4。

表 4-1-4　冷冲模在开式压力机上的安装成绩评定表

班级：_____　姓名：_____　学号：_____　成绩：_____

序号	技术要求	配分	评分标准	实测记录	得分
1	准备工作充分	10	每缺一项扣 2 分		
2	上、下模的正确拆卸	10	测试		
3	零件正确、规范的安放	20	总体评定		
4	拆卸过程安排合理	10	总体评定		
5	装配过程安排合理	10	总体评定		
6	上、下模的正确安装	20	测试		
7	工具的合理及准确使用	5	总体评定		
8	绘制模具总装草图	10	每错一处扣 1 分		
9	安全文明生产	5	违者每次扣 2 分		
10	工时定额 2 h		每超 1 h 扣 5 分		
11	现场记录				

4.1.7 归纳总结

1. 理解模具在试模或安装使用前应做的准备工作。
2. 明确冲模安装于压力机上的要求。
3. 熟练运用安装与拆卸技能。
3. 严格按操作规程对模具进行正确的安装。

4.2　冷冲模调试

4.2.1 任务描述

冲模装配后，必须要通过试冲对制件的质量和模具的性能进行综合考查与检测。对试冲中出现的各种问题应作全面、认真的分析，找出其产生的原因，并对冲模进行适当的调整与修正，以得到合格的制品零件。

4.2.2 任务分析

对冲模的试冲与调试其目的主要在于：确定制品零件的质量和模具的使用性能好坏，确定制品的成形条件，确定成形零件制品的毛坯形状、尺寸及用料标准，确定工艺设计、模具设计中的某些设计尺寸，以提高模具设计和加工水平。

4.2.3 任务准备

1. 选择压力机

选用 JC23-25 开式可倾压力机进行单工序模、复合模、级进模、弯曲模、拉深模的试冲调试。

2. 调试工具

内六角扳手、12 in（300 mm）活扳手、旋具、平行铁、薄铜皮、垫块、铜棒、锤子、纸板、盛物容器等。

3. 调试用量具

百分表、磁力表座、塞尺、直角尺等。

4. 实训准备

（1）小组人员分工　同组人员对各副模具的安装、调试进行分工负责。

（2）工具准备　领用并清点安装调试所用的工量具，了解工量具的使用方法及使用要求。实训结束时按清单清点工量具，交指导教师验收。

（3）熟悉实训要求　要求复习有关理论知识，详细阅读本指导书，对所要求的内容在实训过程中做详细的记录。

4.2.4 相关工艺知识

1. 冲模调试的主要内容

（1）在冲模顺利地装在指定的压力机上后，用指定的坯料，能稳定地在模具上顺利地制出合格的制品零件来。

（2）检查成品零件的质量是否符合制品零件图样要求。若发现制品零件存有缺陷，应分析其产生缺陷的原因，并设法对冲模进行修正和调试，直到能生产出一批完全符合图样要求的零件为止。

（3）根据设计要求，进一步确定模具经试验后所决定的形状和尺寸，并修整这些尺寸，直到符合要求。

（4）经试模后，为工艺部门提供能生产批量制品的工艺规程依据。

（5）在试模时，应排除影响生产、安全、质量和操作等各种不利因素，使模具能达到稳定批量生产的目的。

2. 冲模调试的要求

（1）冲模的外观要求　按冲模技术条件对外观的技术要求进行全面检验。

（2）试模材料的要求　尽可能不采用代用材料。

（3）试冲设备要求　试模时所采用的（压力机）吨位、精度等级，必须要符合工艺要求。

（4）试冲制品数量　一般情况下，小型冲模应≥50件，硅钢片≥200件，自动冲模连续时间≥3 min。

（5）冲件质量要求　试冲后的制品，其断面光亮带分布要均匀，不允许有夹层及局部脱落和裂纹现象。制件毛刺不得超过所规定的数值，尺寸公差及表面质量应符合图样要求。

（6）模具交付要求

① 能顺利地安装到指定压力机上。

② 能稳定地冲出合格制品来。

③ 能安全地进行操作使用。

冲模达到上述要求时，即可交付使用或入库进行保管。但入库保管的新冲模，要附带有检验合格证以及试冲后的制品冲件。

3. 冲模调试与设计、工艺、制造、质检的关系

在企业实际生产中，包含冲压工艺设计、冲模设计、冲模制造等若干过程。在上述过程中，任何一项工作中的疏忽，都会造成冲模难以生产出合格的冲压件。因此，冲模在装配完毕后的调试工作，就显得尤为重要。一般说来，调试工作是冲模制造中的关键环节，它与冲模的设计、冲模的制造及冲模的最终检验有很密切的关系。

（1）调试与冲模设计的关系　冲模的设计一般由模具设计部门负责。在冲模加工的全过程中，任何人不能随意更改冲模的设计结构或增减冲模零部件数量，操作者必须按已审校后的图样进行加工。但为了便于调试，可在不改变最后尺寸的条件下，在模具原有机构上修整间隙，改变定位方式，修改凸、凹模及零件的外形和内部尺寸，如弯曲模的回弹角、拉深模的凸、凹模圆角半径及拉深深度等，以求能调试出符合图样要求的制件。但在调整时，若一定要更改工艺设计或更改结构设计才能冲出合格的制品，则必须要提出更改设计的理由和方案，与模具设计部门联系，征得同意后，一起修改方案，重新画出设计图样，然后才能更改设计图样（底图），以便下次投模时能准确地使用、制造出合格的冲模来。

（2）调试与工艺设计的关系 工艺部门在冲模加工与制造过程中，负责将设计图样编制出冲模加工工艺、列出试模材料清单、进行工序安排等工作。在冲模调试时，尽量使工艺在现有条件下达到设计要求。若因在调试时按原有工艺规程无法生产出合格的制品，则要征求工艺设计人员同意，重新修订工艺方案，直到调试出合格的制品为止。

（3）调试与冲模制造的关系 装配后的冲模，在送交调试工序时，必须经过检验人员对冲模按图样设计要求初检合格，并且要具备齐全的模具图样、工艺卡片及制造过程中的样板及样件。在调试时，若发现冲模零件与图样规定不符，应退回钳工返修；冲模的定位零件，应按图样的要求装配，但图样无法给定尺寸时，在调整过程中可根据具体情况进行定位。在图样所规定的、需在调试后淬硬的零件如弯曲、拉深、成形凸凹模，模具制作者应首先制作出非常近似的外形，并制作出螺孔及销孔，在调试时，与调试工一起边调整边修正，直到冲出合格制品零件后将尺寸与形状确定，然后进行淬硬处理。

（4）调试与检验的关系 冷冲模的质量与精度，一般在调试时确定。经调试后冲出的制品零件，应交付检验人员做检查及保存。冲模质检人员，除了负责检查制件和冲模的质量外，还应负责分析废品产生的原因及责任者，制订出预防废品产生的措施及提高产品质量的方法。在调试时，若发现模具零件报废，调试工作应立即停止，并通知模具设计人员、工艺设计人员、制作者及调试者一起分析报废的原因，共同找出修复的办法并制订调试方案。

4. 冲模调试要点及弊病

冲裁模、弯曲模、拉深模调试要点及解决各类弊病的调整方法见表 4-2-1、表 4-2-2、表 4-2-3、表 4-2-4、表 4-2-5、表 4-2-6。

表 4-2-1 冲裁模调试要点

调整项目	调整要点
凸、凹模刃口及其间隙的调整	1. 冲裁模的上、下模要吻合，应保证上、下模的工作零件（凸模与凹模）相互咬合，深度要适中，不能太深或太浅，以冲下合格的零件为准。调整是依靠调节压力机连杆长度来实现的
	2. 凸、凹模间隙要均匀，对于有导向零件的冲模，其调整比较方便，只要保证导向件运动顺利而无发涩现象即可保证间隙值；对于无导向冲模，可以在凹模刃口周围衬以紫铜皮或硬纸板进行调整，也可以用透光及塞尺测试方法在压力机上调整，直到上、下模的凸、凹模互相对中且间隙均匀后，可用螺钉紧固在压力机上，进行试模
定位装置的调整	1. 修边模与冲孔模的定位件形状应与前工序形状相吻合，在调整时应充分保证其定位的稳定性
	2. 检查定位销、定位块、定位杆是否定位稳定并合乎定位要求。如果位置不合适或形状不准，在调整时应修正其位置，必要时更换定位零件

调整项目	调整要点
卸料系统的调整	1. 卸料板（顶件器）形状是否与冲件服帖
	2. 卸（顶）弹簧及橡胶弹力应足够大
	3. 卸料板（顶件器）的行程要足够
	4. 凹模刃口应无倒锥以便于卸件
	5. 漏料孔和出料销应畅通无阻碍
	6. 打料杆、推料板应顺利推出制品，如发现缺陷，采取措施予以解决

表 4-2-2　冲裁模试冲时出现的弊病及调整方法

常见弊病	产生原因	调整方法
制品毛刺大	1. 凸、凹模间隙偏小、偏大或不均匀	1. 间隙过小，可用油石研磨凸模（落料模）或凹模（冲孔模），使其间隙变大，达到合理间隙值 2. 间隙过大，对于落料模只好重做一个凸模，对于冲孔模则要更换凹模，重新装配后，调整好间隙 3. 间隙不均匀，应对凸、凹模重新调整，使之均匀
	2. 刃口不锋利	刃磨刃口端面，若是因硬度而引起刃口变钝，则要把凸、凹模拆下重新淬硬
	3. 凹模有倒锥	制件从凹模孔中通过时边缘被挤出毛刺，将凹模倒锥用锉刀或手动砂轮机修磨掉
	4. 导柱、导套间隙过大，压力机精度不高	更换导柱或导套，使之间隙达到合理要求。或选用精度高的压力机
凸、凹模刃口相碰造成啃刃	1. 凸模、凹模或导柱安装时，与模面不垂直	重新安装凸模、凹模或导柱，并在装配后进行严格检验，以提高装配精度
	2. 平行度误差积累导致凸模凹模轴心线偏斜	重新装配检验
	3. 卸料板、推件板等的孔位不正确或孔不垂直	装配前要对零件检查，并卸下修正、重新装配
	4. 导向件配合间隙大于冲裁间隙	更换导柱或导套并重新研配后，使之配合间隙小于冲裁间隙
	5. 无导向冲模安装不当或机床滑块与导轨间隙大于冲裁间隙	重新安装冲模，或更换精度较高的压力机

常见弊病	产生原因	调整方法
制件翘曲不平	1. 冲裁间隙不合理或刃口不锋利	调整合理的间隙，修磨好刃口再进行冲裁。可在模具上增设压料装置或加大压料力
	2. 落料凹模有倒锥制件不能自由下落而被挤压变形	修磨凹模去倒锥
	3. 推件块与制件的接触面积过小，推件时，制件内孔外缘的材料在推力的作用下产生翘曲变形	更换推件块，加大与制件的接触面积，使制件平起平落
	4. 顶出或推出制件时作用力不均匀	调整模具，使顶件、推件工作正常
级进模送料不通畅或卡死	1. 导料板安装不正确或条料首尾宽窄不等	根据情况重新安装导料板或修正条料
	2. 侧刃与导料板的工作面不平行，或侧刃与侧刃挡块不密合，冲裁时在条料上形成很大的毛刺或边缘不齐而影响条料的送进	设法使侧刃与导料板调整平行，消除侧刃挡块与侧刃之间的间隙或更换挡块使之与侧刃密合
	3. 凸模与卸料板型孔过大，卸料时，使搭边翻转向上翘	更换卸料板，使其与凸模间隙缩小
卸料不正常	1. 卸料板与凸模配合过紧，装配不当，使卸料板倾斜，导致卸料机构不能正常工作	修正卸料装置或重新装配，使其调整得当
	2. 弹性元件（弹簧或橡胶）弹力不足	更换弹性元件（弹簧或橡胶）
	3. 凹模孔与下模卸料孔位置偏移	重新装配凹模使卸料孔与凹模孔对正
	4. 凹模有倒锥	修磨去掉凹模倒锥
	5. 打料杆或顶料杆长度不够	增加打料杆或顶料杆长度
凹模被胀裂	1. 凹模孔有倒锥	修磨去掉凹模倒锥
	2. 凹模孔与上模板漏料孔偏移	重新调整，装配凹模，使凹模孔与下模板漏料孔对中或扩大下模板漏料孔
凸模被折断	1. 卸料板倾斜	调整卸料板
	2. 冲裁产生侧向力	采用侧压板抵消侧压力
	3. 凸模或凹模产生位移，相互位置发生变化	重新调整凸模、凹模相互位置，固定

表 4-2-3　弯曲模调试要点

调整项目	调整要点
上、下模在压力机上的相对位置	1. 有导向的弯曲模，全由导向装置来决定上、下模的相对位置
	2. 无导向装置的弯曲模，其在压力机上的相对位置，一般由调节压力机连杆长度的方法来调整。调整时，应使上模随滑块到下止点时，既能压实工件又不发生硬性顶撞
	3. 在调压时，要把试件放在模具工作位置上进行调整
间隙调整	1. 模具在压力机上的上、下位置粗略地调整后，再在上凸模下平面与下模卸料板之间垫脚一块比毛坯略厚的垫片（一般为弯曲毛坯厚的 1.1～1.2 倍），继续调节连杆长度，持续用手扳动飞轮，直到使滑块能正常地通过下止点而无阻滞的情况为止
	2. 上、下模侧向间隙，可采用垫紫铜箔、纸板或塞尺的方法，以保证间隙的均匀性
	3. 固定下模板、试冲。试冲合格后，可将紧固零件再拧紧，并检查无误后，可投入生产使用
定位装置的调整	1. 弯曲模定位零件的定位形状应与坯料件相一致。故在调整时，应充分保证其定位的可靠性和稳定性
	2. 利用定位块及定位销钉定位。假如试模调整时，发现位置不正确，应将其修准，必要时重新更换定位零件
卸料、退件装置	1. 顶出器及卸料系统应调整到动作灵活并能顺利地卸出制件，不应有任何阻滞和卡死现象 2. 卸料系统的行程应足够大 3. 卸料及弹顶系统的弹力要适合，必要时要重新更换 4. 卸料系统作用于制品的作用力要均衡，以保证制品的平整及表面质量

表 4-2-4　弯曲模试模中常见的弊病及调整方法

弊病类型	产生原因	调整方法
弯曲零件产生裂纹	1. 弯曲变形区域内应力超过材料抗拉强度而产生裂纹	更换塑性好的材料弯曲，或在允许的情况下，将板料退火后弯曲
	2. 在弯曲区外侧有毛刺，造成该处应力集中使制件破裂	减少弯曲变形量或选择毛刺的一边放在弯曲内侧进行弯曲
	3. 弯曲线与板料的纤维方向平行	改变落料排样使弯曲线与板料纤维方向互成一定的角度
	4. 弯曲变形过大	分两次弯曲，首次弯曲时采用较大弯曲半径
	5. 凸模圆角太小	加大凸模圆角

续表

弊病类型	产生原因	调整方法
弯曲件尺寸和形状不合格	1. 制件产生回弹造成不合格	1. 改变凸模的角度和形状 2. 增加凹模型槽的深度 3. 减少凸、凹模之间间隙 4. 模具增设压料装置
	2. 毛坯定位不可靠	使定位可靠（用孔定位的方法）
	3. 凸、凹模本身尺寸精度不对，或形状不正确	修磨凸、凹模形状尺寸，使之达到精度与形状要求
弯曲件底面不平	1. 卸料杆着力点分布不均匀，卸料时将件顶弯	增加卸料杆数量，使其分布均匀
	2. 压料力不足	增加压料力
弯曲件表面擦伤	1. 凹模圆角太小或表面质量粗糙	加大凹模圆角，抛光；凹模表面镀铬或化学处理，提高凹模表面硬度
	2. 板料粘附在凹模上	
弯曲件表面壁部变薄	3. 间隙小，挤压变薄	加大间隙
	4. 压料装置压力太大	减小压料力
弯曲件出现挠度或扭转	中性层内外变化及收缩、弯曲量不一致	1. 弯曲件进行校正 2. 材料弯曲前进行退火处理 3. 改变设计，将弹性变形设计在与挠度方向相反的方向上

表 4-2-5　拉深模的调试要点

调整项目	调整要点
进料阻力的调整 （拉深模进料阻力大，易使制件被拉裂；进料阻力小，易使制件产生裂纹）	1. 调节压力机滑块的压力，使之正常
	2. 调节压边圈的压边面配合松紧
	3. 调整压料筋配合的松紧
	4. 凹模圆角半径要适中
	5. 必要时改变坯料的形状及尺寸
	6. 采用良好的润滑剂，调整润滑次数
拉深深度及间隙调整	1. 在调整时，可把拉深模分成 2～3 段来进行调整。先将较浅的一段调整后，再往下调深一段，一直调整到所需的拉深深度为止
	2. 如果试模是对称或封闭式的拉深模，在调整时，可先将上模紧固在压力机滑块上，下模放在工作台上先不紧固。在凹模壁上放入样件，再使上、下模吻合对中后，即可保证间隙的均匀性。调整好闭合位置后，再把下模紧固在工作台上

表 4-2-6　拉深模试模中常见的弊病及调整方法

弊病类型	产生原因	调整方法
凸缘起皱	1. 凸缘压边力太小，无法抵制过大的切向压边力引起的切向变形，因而失去稳定性形成皱纹	增加压边力
	2. 材料较薄	选用适当厚度的材料
制件壁部被拉裂	1. 材料所受到的径向拉应力太大	减小压边力
	2. 凹模圆角半径太小	增大凹模圆角半径
	3. 润滑不良	加用润滑剂
	4. 材料塑性差	使用塑性好的材料，采用中间退火
制品边缘高低不一致	1. 坯料与凸、凹模中心线不重合	重新调整定位，使坯料中心与凸、凹模中心线重合
	2. 材料厚度不均匀	更换材料
	3. 凸、凹模圆角不等	修整凸、凹模圆角半径
	4. 凸、凹模间隙不均匀	校匀间隙
制品底部不平	1. 坯件不平	平整毛坯
	2. 顶料杆与坯件接触面太小	改善顶料装置结构
	3. 弹顶装置弹顶力不足	更换弹簧或橡胶
制品壁部拉毛	1. 模具工作部分或圆角半径上有毛刺	研磨修光模具的工作平面和圆角
	2. 毛坯表面及润滑剂有杂质	清洁毛坯并使用干净的润滑油
制品完整，但呈现歪状	1. 排气不畅	扩大排气孔
	2. 顶料杆顶力不均	重新布置顶料杆的位置
制件拉深高度不够	1. 毛坯尺寸太小	放大毛坯尺寸
	2. 拉深间隙太大	调整至合理间隙
	3. 凸模圆角半径太小	放大凸模圆角半径
制件底面凹陷	1. 模具无排气孔或排气孔太小、堵塞	扩大模具通气孔
	2. 顶料杆与制件接触面积太小	修整顶料装置
制品口缘折皱	1. 凹模圆角半径大大	减小凹模圆角半径
	2. 压边圈不起压边作用	调整压边圈结构，加大压边力

5. 冷冲模调试注意事项

（1）试模时所用的板材，其牌号与力学性能均应符合制品图样上所规定的各项要求，一般不得代用。

（2）试模所用的条料宽度应符合工艺规程所规定的要求。

（3）试模所用的条料，在长度方向上应保持平直无杂质。

（4）试模时，冲模应在所要求的指定设备上使用。在安装冲模时，一定要安装牢固，不可松动。

（5）冲模在调试前，首先要对冲模进行一次全面检查，检查无误后方可安装在压力机上。

（6）冲模的各活动部位，在试模前或试模过程中要首先加注润滑剂以进行良好的润滑。

（7）试模前的冲模刃口，一定要加以刃磨与修整，要事先检查一下间隙的均匀性，确认合适后再安于压力机上。

（8）试模开始前应检查一下卸料及顶出器是否动作灵活。

（9）试模开始的首件，最好要仔细进行检查。若发现模具动作不正常或首件不合格应立即停机进行调整。

（10）试模后的制品零件，一般应不少于 20 件，并妥善保存，以便作为交付模具的依据。

4.2.5　任务实施

（1）调整冲模上、下模在压力机上的相对位置正确。

（2）调整模具凸模、凹模间隙，保证间隙均匀一致。调整凸模进入凹模的深度，保证深度适中。

（3）调整定位装置，充分保证坯件定位的稳定、可靠。

（4）调整卸料系统，卸料系统的卸料板（顶件器）要调整至与冲件贴合，卸料弹簧或卸料橡胶弹力要足够大，卸料板（顶件器）的行程要调整到足够使坯料或制件卸出的位置，打（推）料杆、打（推）料板应调整到能顺利将制品推出，不能卡住，或出现发涩现象。漏料孔保证畅通。

（5）调整导向系统，加润滑油，保证导柱、导套有良好的配合精度，不能发生位置偏移和发涩现象。

4.2.6　评价标准

冲模调试评价标准见表 4-2-7。

表 4-2-7 冲模调试成绩评定表

班级：_____ 姓名：_____ 学号：_____ 成绩：_____

序号	项目与技术要求	配分	评分方法	实测记录	得分
1	调整上、下模相对位置	15	熟练、安全操作		
2	调整凸、凹模间隙	15	熟练、安全操作		
3	调整导向系统	10	熟练、安全操作		
4	调整定位装置	10	熟练、安全操作		
5	调整卸料系统	10	熟练、安全操作		
6	冲裁模调试中常见问题的调整方法	10	调整方法正确		
7	弯曲模调试中常见问题的调整方法	10	调整方法正确		
8	拉深模调试中常见问题的调整方法	10	调整方法正确		
9	安全文明生产	10	违者每次扣 5 分		
10	现场记录				

4.2.7 归纳总结

1. 理解模具调试内容、冷冲模调试的技术要求。
2. 明确模具在调试过程中应注意的问题。
3. 掌握常见模具的调试过程。
4. 能正确处理调试中的常见问题。
5. 能熟练、正确运用方法和技巧对模具进行必要的调整，使之能达到正常生产要求。

思 考 练 习

1. 冷冲模装配技术要求是什么？
2. 冲模的装配工艺过程是怎样的？
3. 冲模的装配方法及装配要点是什么？
4. 冲模装配后，为什么要进行试冲与调整？
5. 冲模调试包括哪些内容？
6. 调试冲模有哪些具体要求？

第5章 注塑模的拆装

学习目标:

1. 能够通过对注塑模具的拆卸与装配，培养学生的动手能力、分析能力和解决问题的能力，使学生能够综合运用已学知识和技能。

2. 了解注塑模具的结构、组成及模具各部分的作用，为理论课的学习和模具设计奠定良好的基础。

3. 掌握典型单分型面、带侧向分型抽芯、双分型面注塑模的拆卸和装配工艺。

4. 能正确地使用常用模具拆装工具和辅具。

5. 能正确地草绘模具结构图、零件图并掌握一般步骤和方法。

6. 通过观察模具的结构能分析出制件的形状。

7. 能对所拆装的模具结构提出自己的改进方案。

8. 能正确描绘出该注塑模具的动作过程。

本模块主要学习注塑模具拆装方面的知识，注塑模拆装与冷冲模拆装有许多相似之处，但在某些方面要求更为严格，因为注塑模与冷冲模有不同点，主要表现为，注塑模具型腔是封闭的，材料处于熔融状态充模，定型后取制件，成形制件是立体形状，模具一般处于热状态，模具所受的不是冲击力而是注射压力。

拆卸前对需要拆卸的注塑模具进行观察，对模具类型进行分析，了解其用途并分析制品的几何形状、模具结构特点、工作原理以及各零件之间的装配关系和紧固方法、相对位置和拆卸方法，并按钳工的基本操作方法进行，以免磨损模具零件。

拆卸前，应先测量一些重要尺寸，如模具外形：长×宽×高。为了便于把拆散的模具零件能装配复原并画出装配图，在拆卸过程中，各类对称零件及安装方位易混淆的零件应做好标记，以免安装时搞错方向。拆卸过程中不许用锤头直接敲打模具，防止模具零件变形。需要打击时要用紫铜棒。拆出的零配件要分门别类，及时放入专门盛放零件的塑料盒中，以免丢失。不可拆卸零件和不易拆卸零件，不要拆卸，如型芯（型腔）与固定板为过盈（紧）配合，或有特殊要求的配合，不要强行拆出，否则难以复原。遇到困难要分析原因，并请教指导老师，不要放过问题。另外，要注意拆下的动、定模底板和固定板等重量和外形较大的零件务必放置稳当，防止滑落、倾倒砸伤人而出现事故。

注塑模装配顺序是按照拆卸的逆向顺序进行的。装配前，先检查各类零件是否清洁、有无划伤等，如有划伤或毛刺（特别是成形零件），应用油石磨平整，然后分别进行定模部分装配，动模部分装配，动、定模合模及配件安装。最后检查装配后的模具与拆卸前是否一致，是否有装错或漏装现象，工作场所周围有无零件掉落。

5.1 单分型面注塑模拆装

5.1.1 任务描述

对图 5-1-1 所示的单分型面注塑模具进行拆装。

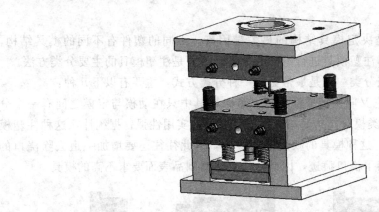

图 5-1-1 单分型面注塑模总装图

5.1.2 任务分析

单分型面注塑模又称为两板式注塑模，它是注塑模中最简单的一种结构形式。这种模具只有一个分型面，根据需要，既可以设计成单型腔注塑模，也可以设计成多型腔注塑模，应用十分广泛。通过对单分型面注塑模具拆装，如图 5-1-1 所示，了解注塑模具的整体结构、配合方式、工作原理，掌握各种钳工拆装工具的使用，掌握正确的模具拆装工艺，对模具进行相应要求的调试，达到要求。通过注塑成形产品对其进行检测，判断是否合格。拆装评分标准见 5.1.6 节表 5-1-1。

5.1.3 任务准备

1. 选择模具

选择典型的单分型面注塑模具一副，如图 5-1-1 所示（可根据实际生产情况予以选取）。

2. 拆装用操作工具

内六角扳手、旋具、平行垫铁、活扳手、台虎钳、铜棒、锤子、盛物容器等。

3. 拆装用量具

游标卡尺、直角尺、钢直尺、千分尺等。

4. 实训准备

（1）小组人员分工 同组人员对拆卸、观察、测量、记录、绘图、装配等分工负责。

（2）工具准备 领用并清点拆装和测量所用的工量具，了解工量具的使用方法及使用要求。实训结束时按清单清点工量具，交指导教师验收。

（3）熟悉实训要求 要求复习有关理论知识，详细阅读本指导书，对实训报告所要求的内容在实训过程中做详细的记录。

5.1.4 相关工艺知识

1. 注塑模的分类

塑件的结构形状往往是决定模具结构的最关键因素，不同的塑件有不同的模具结构，根据不同的分类依据可以对注塑模具进行不同的分类。下面是注塑模具的主要分类方法。

（1）按模具的结构特点分类 这是最常见的一种分类方式，主要有以下几种：

① 单分型面注塑模 它又叫两板式注塑模，整个模具中只在动模与定模之间有一个分型面，如图 5-1-2 所示。这类模具结构简单，对塑件成形的实用性强，据统计，这种注塑模占注塑模总数的 70% 左右。这种模具的缺点是浇口大，因此往往还要增加一道去除浇口的工序，而且会在制品表面留下浇口痕迹，因此，适用于对制品表面要求不高的模具。

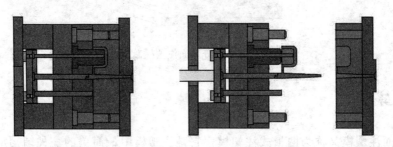

图 5-1-2 单分型面注塑模

② 双分型面注塑模 它又叫三板式注塑模，整个模具中除了动、定模板间有一个分型面外，还有一个具有其他功能的辅助分型面，如图 5-1-3 所示，A—A 为第一分型面，分型后浇注系统凝料由此脱出；B—B 为第二分型面，分型后制品由此处脱出。由于这种模具常用于点浇口进胶的产品，因此，也称点浇口模。双分型面注塑模具应用极广，主要用于点浇口的单型腔或多型腔模具，侧向分型机构设在定模一侧的模具或塑件结构特殊需要按顺序分型的模具。

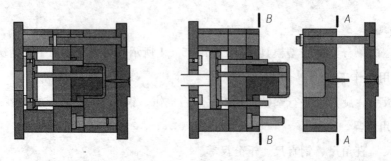

图 5-1-3 双分型面注塑模

③ 带侧向分型抽芯的注塑模 当塑件上有侧凹或侧孔时，在模具内设置由斜导柱或斜滑块等组成的侧向分型抽芯机构，使侧型芯作横向运动，如图 5-1-4 所示。开模时，斜导柱先带动滑块往外移，当侧型芯完全脱出产品时，顶出机构才开始动作，顶出制品。

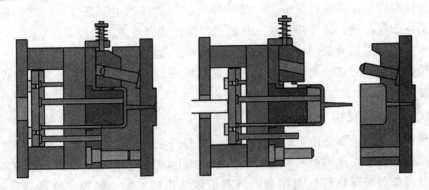

图 5-1-4 带侧向分型抽芯的注塑模

④ 带活动成形零部件的注塑模 在这类模具中可以设置能够活动的成形零件，如活动凸模、活动凹模、活动成形杆、活动成形镶块等，开模时，斜导柱先带动滑块往外移，当侧型芯完全脱出产品时，顶出机构才开始动作，顶出制品，如图 5-1-5 所示。

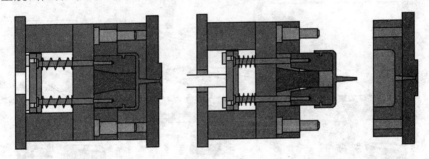

图 5-1-5 带活动成形零部件的注塑模

⑤ 带自动卸螺纹机构的注塑模 对于带有螺纹的塑件，要求在注塑成形后能自动脱模，可在模具中设置能转动的螺纹型芯或型环，利用注塑机本身的旋转运动或往复运动，将螺纹塑件脱出，必要时还可设置专门的原动机件，带动螺纹型芯或型环转动，将螺纹塑件退出，如图 5-1-6 所示。

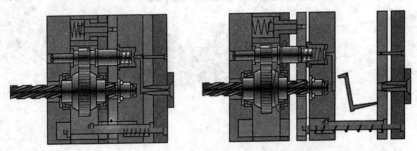

图 5-1-6 带自动卸螺纹机构的注塑模

（2）按塑料材料类别分类　按塑料的成形特性，塑料有热塑性塑料和热固性塑料，而适应于这两类的注塑模分别是热塑性塑料注塑模和热固性塑料注塑模。

（3）按模具型腔数目分类　可分为单型腔注塑模具和多型腔注塑模具。

（4）按注塑模浇注系统特征分类　浇注系统是注塑模的主要部分，按其特征不同，可分为冷流道注塑模、绝热流道注塑模、热流道注塑模和温流道注塑模。

（5）按注塑成形机分类　可分为卧式、立式和直角式注塑模具。

（6）按模具安装方式分类　按模具在注塑机上安装方式不同，可分为移动式注塑模和固定式注塑模。

2. 注塑模的基本结构

注塑模的基本结构都是由定模和动模两大部分组成的。定模部分安装在注塑机的固定板上，动模部分安装在注塑机的移动板上，如图 5-1-1 所示。注塑成形时，定模部分和随液压驱动的动模部分经导柱导向而闭合，塑料熔体从注塑机喷嘴经模具浇注系统进入型腔。注塑成形冷却后开模，即定模和动模分开，一般情况下塑件留在动模上，模具顶出机构将塑件推出模外。图 5-1-1 所示是单分型面注塑模具，图 5-1-7 为定模分解图，图 5-1-8 为动模分解图，图 5-1-9 为产品和流道系统图，从而可了解单分型面模具的基本结构组成。

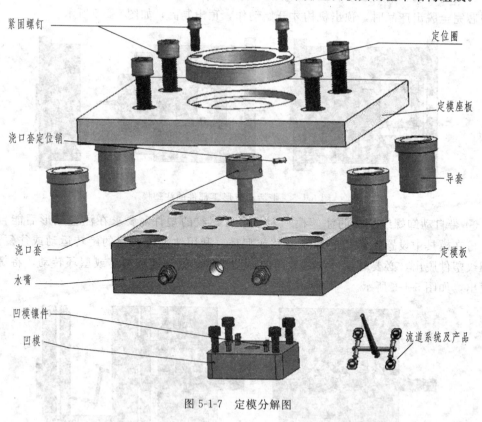

图 5-1-7　定模分解图

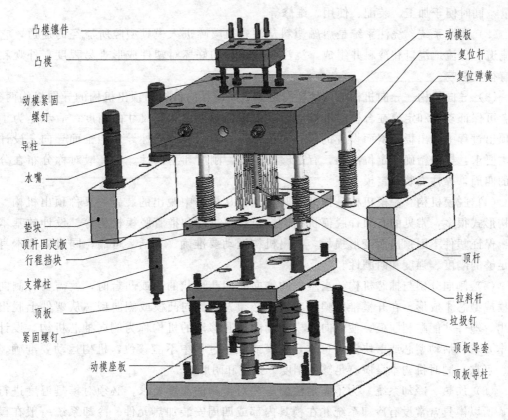

凸模镶件
凸模
动模紧固
螺钉
导柱
水嘴
垫块
顶杆固定板
行程挡块
支撑柱
顶板
紧固螺钉
动模座板

动模板
复位杆
复位弹簧
顶杆
拉料杆
垃圾钉
顶板导套
顶板导柱

图 5-1-8 动模分解图

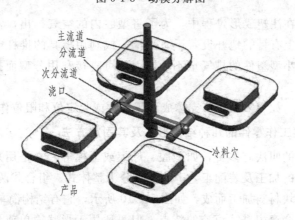

主流道
分流道
次分流道
浇口
冷料穴
产品

图 5-1-9 产品和流道系统

3. 注塑模的基本结构组成部分

注塑模的结构与塑料种类、制品的结构形状、制品的产量、注射工艺条件、注射机的种类等多项因素有关，因此其结构可以有多种变化。无论各种注塑模结构之间差异多大，但在基本结构的组成方面都有许多共同的特点。根据模具上各部件的作用不同，一般注塑模可由以下几个部分组成：

（1）成形零部件 它是指定模、动模部分中组成型腔的零件。通常由型芯、凹模、镶件等组成，合模时构成型腔，填充塑料熔体，决定塑件的形状和尺寸。设计时应保证塑件质量，同时便于加工、装配、使用、维修等。

（2）浇注系统　浇注系统是熔融塑料从注塑机喷嘴进入模具型腔所流经的通道，它由主流道、分流道浇口和冷料井组成。浇注系统设计的好坏对塑件成形难易程度、外观和性能有很大影响。

（3）导向机构　导向机构分为动模与定模之间的导向机构和顶出机构的导向机构两类。前者可保证动模和定模在合模时准确对合，以保证塑件形状和尺寸的精度；后者是为了避免顶出过程中推出板歪斜而设置的。导向机构主要有两类：导柱导向和锥面导向。设计的基本要求：导向精确，定位准确，有足够的强度、刚度和耐磨性。它一般对称分布在分型面的四周，导柱安装在定模上。

（4）脱模机构　脱模机构是指开模时将塑件从模具中脱出的装置，又称顶出机构。其结构形式很多，常见的有顶杆脱模机构、推板脱模机构和推管脱模机构等。设计的基本要求：保证塑件不因顶出而变形损坏，推出机构运动要准确、灵活、可靠，同时机构本身应有足够的刚度、强度和耐磨性。

（5）侧向分型与抽芯机构　当塑件的侧向有凹凸形状的孔或凸台时，就需要有侧向的凸模或型芯来成形。在开模推出塑件之前，必须先将侧向凸模或侧向型芯从塑件上脱出或抽出，塑件才能顺利脱模。使侧向凸模或侧向型芯移动的机构称为侧向抽芯机构。设计的基本要求：活动型芯或镶块定位可靠，闭模或注射过程中不能移位，机构运动要准确、灵活、可靠，同时机构本身应有足够的刚度、强度和耐磨性。

（6）加热、冷却系统　为了满足注塑工艺对模具的温度要求，必须对模具温度进行控制，所以模具常常设有冷却系统并在模具内部或四周安装加热元件。冷却系统一般在模具上开设冷却水道。

（7）排气系统　在注塑成形过程中，为了将型腔内的空气排出，常常需要开设排气系统，通常是在分型面上有目的地开设若干条沟槽，或利用模具的推杆或型芯与模板之间的配合间隙进行排气。小型塑件的排气量不大，因此可直接利用分型而排气，而不必另设排气槽。

（8）其他零部件　如用来固定、支撑成形零部件或起定位和限位作用的零部件等。

4. 注塑模具主要工作零件的几种结构形式及其固定方法

（1）凹模　凹模的叫法有多种，如型腔、母模或上模等，它是用来成形塑件外表面的主要零件，根据凹模的加工及装配工艺，凹模可分为整体式、组合式两类。

整体式凹模由整块材料加工而成，如图5-1-10所示，它有结构简单，强度、刚度较高，不易变形，塑件上不会产生拼缝痕迹的特点，但只适用于形状简单或形状复杂但凹模可用电火花和数控加工的中小型塑件。对于形状较复杂的型腔，其加工工艺性相对也较差，型腔局部受损后维修非常困难，有时甚至会使整套模具报废。因此整体式型腔只适用于结构简单的中小型模具。

组合式凹模是由两个以上的零件组合而成的。按组合方式不同，可以分为整体嵌入式凹模、局部镶嵌式凹模、大面积镶拼凹模等。

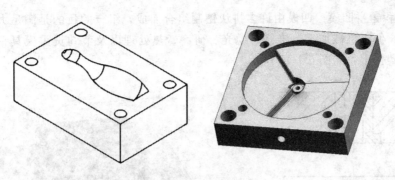

图 5-1-10　整体式型腔

① 整体嵌入式凹模　型腔由整块材料加工，而后嵌入到固定板中，如图 5-1-11 所示。其特点是加工方便，易损件便于更换，凹模可热处理得到很高的硬度，适用于小型的多型腔塑件。这种凹模的特点是尺寸一致性好，便于修模和更换，节约模具成本，同时还起到改善模具排气状况的作用。凹模嵌入固定板内，用螺钉与垫板固定。常用的配合形式有：H7/js6（较松过渡配合）、H7/n6（较紧过渡配合）、H7/m6（介于二者之间）。

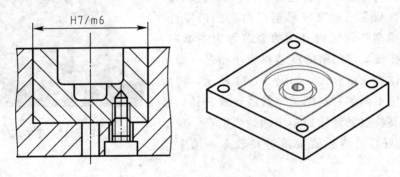

图 5-1-11　整体嵌入式凹模及固定

② 局部镶嵌式凹模　型腔由整块材料制成，局部镶有成形嵌件，易磨损镶件部分易加工、易更换，如图 5-1-12 所示，用于型腔较深、形状较复杂、整体加工困难或局部需要淬硬的模具。

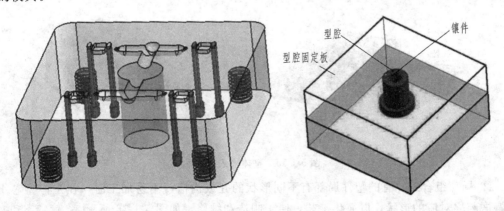

图 5-1-12　局部镶嵌式凹模

③ 大面积镶拼凹模　凹模由许多拼块镶制组合而成，组合的目的是满足大型塑件凸凹形状的需求，便于机械加工、维修、抛光、研磨、热处理以及节约贵重模具钢材。它广泛应用于大型塑件上，如图 5-1-13 所示。

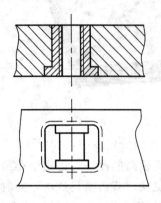
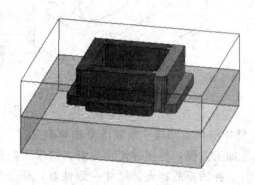

图 5-1-13　四壁拼合式凹模

（2）型芯　型芯的叫法也有多种，如公模、凸模或后模等，型芯是用来成形塑件内表面的零件。一般用来形成塑件较大内表面的型芯称为主型芯，成形塑件的孔或局部凹槽的型芯称为小型芯。型芯或凸模有整体式和组合式。如图 5-1-14 所示，将型芯和模板采用不同的材料制成，然后连成一体，形成组合式。其特点是结构简单牢固，强度高，成形的塑件质量好，但消耗的贵重材料较多，加工难度大。

图 5-1-14　整体式型芯

组合式型芯的优缺点和组合式凹模基本相同，适用于小型的多型腔塑件，它的特点同样是尺寸一致性好，便于修模和更换，节约模具成本，同时还起到改善模具排气状况的作用。它包括整体嵌入式、局部组合式、完全组合式等。

① 整体嵌入式　将主体型芯镶嵌在模板上，如图 5-1-15 所示。

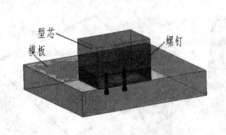
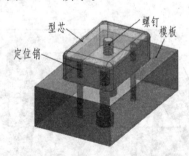

图 5-1-15　整体嵌入式型芯

② 局部组合式　有的塑件局部有不同形状的孔或沟槽，不易加工时，在主体型芯上局部镶嵌与之对应的形状，以简化工艺，便于制造和维修，如图 5-1-16 所示。

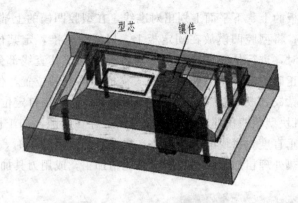

图 5-1-16　局部组合式型芯

③ 完全组合式　它由多块分解的小型芯镶拼组合而成，用于形状规则又难于整体加工的塑件。可分别对各镶块进行热处理，达到各自所需的硬度，故可长久保持成形件的初始精度，延长模具寿命；另可对各组件进行化学处理，提高其耐蚀性能。塑件上的孔或槽通常用小型芯来成形，小型芯固定得是否牢靠，对塑件质量至关重要。常见的固定形式有：过盈固定、铆接固定、轴肩垫板固定、垫杆固定、螺钉固定，如图 5-1-17 所示。

图 5-1-17　型芯与模板的固定

5. 注塑模具主要工作零件的装配

（1）凹模的装配

① 图 5-1-18 是整体嵌入式凹模的装配，装配后型面上要求紧密无缝。因此，压入端不准修出斜度，应将导入斜度修在模板上，保证型腔凹模与模板相对位置一定要符合图样要求。

图 5-1-18　整体圆形型腔凹模的装配

装配方法：在模板的上、下平面上划出对准线，在型腔凹模的上端面划出相应对准线，并将对准线引向侧面；将型腔凹模放在固定板上，以线为基准，定其位置；将型腔压入模板；压入极小一部分时，进行位置调整，也可用百分表调整其直线部分。若发生偏差，可用管子钳将其旋转至正确位置，将型腔全部压入模板并调整其位置，位置合适后，用型腔销钉孔（在热处理前钻铰完成）复钻与固定板的销钉孔，打入销钉定位，防止转动。

② 图 5-1-19 是拼块型腔凹模的装配。装配后不应存在缝隙，加工模板固定孔时，应注意孔壁与安装基面的垂直度。拼块的某些部位必须在装配以后加工时，一般先要经粗加工，待压入后再将预先经热处理粗加工的型腔用电火花精加工，或用刀具加工到要求的尺寸。

图 5-1-19　拼块型腔凹模的装配

（2）型芯的装配

① 整体嵌入式凸模的装配

装配方法：如图 5-1-20 所示，装配前应将固定板型孔的清角修整成圆角，型芯台肩上部边缘应倒角，使型芯头部与固定板沉孔之间有缝隙 c，固定板安放在等高垫块上，型芯导入部分放入固定板孔后，应校正垂直度，型芯压入一半后，再检查和校正一次垂直度，全部压入后再测量垂直度，检查型芯与固定板孔的配合程度，不要太紧，否则压入时会使固定板产生弯曲。检查型芯高度与固定板厚度是否能符合尺寸要求，再磨型芯台肩底面与型芯固定板齐平。

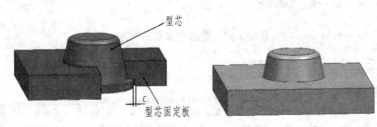

图 5-1-20　整体嵌入式凸模的装配

② 埋入式型芯的装配

装配方法：如图 5-1-21 所示，在装配前先修正固定板沉孔与型芯尾部形状及尺寸差异，使其达到装配要求（一般修正型芯较方便）。型芯埋入固定板较深时，可将型芯尾部四周略修斜度。埋入深度小于 5 mm 时，则不应修斜度，否则会影响固定强度，在修正配合部位时，应特别注意动、定模的相对位置，否则将使装配后的型芯不能与动模配合；在压入型芯时，必须保证垂直压入，避免挤坏固定板孔口尖角，造成塑件产生毛刺。型芯埋入固定板后，应用螺钉紧固，再测量型芯到型芯固定板高度是否能符合尺寸要求。

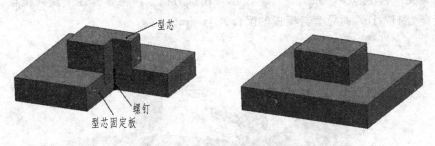

图 5-1-21 埋入式型芯的装配

(3) 浇口套装配 浇口套与定模板的配合一般采用 H7/m6。它压入模板后，其台肩应和沉孔底面贴紧。装配的浇口套，其压入端与配合孔间应无缝隙。所以，浇口套的压入端不允许有导入斜度，应将导入斜度开在模板上浇口套配合孔的入口处。为了防止在压入时浇口套将配合孔壁切坏，常将浇口套的压入端倒成小圆角。在浇口套加工时应留有去除圆角的修磨余量 Z，压入后使圆角突出在模板之外，如图 5-1-22 所示。然后在平面磨床上磨平，最后再把修磨后的浇口套稍微退出，将固定板磨去 0.02 mm，重新压入后成为图 5-1-22 所示的形式。台肩对定模板的高出量 0.02 mm 也可采用修磨来保证，再把定位圈用紧固螺钉固定到定模座板上。

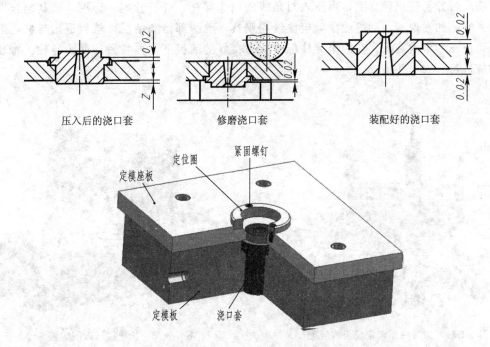

图 5-1-22 埋入式型芯的装配

(4) 导柱、导套机构的装配 导柱、导套分别安装在注射模的动模和定模部分上，是模具合模和开模的导向装置。为保证导柱、导套合模精度，导柱、导套安装孔加工时往往采用配镗，导柱、导套采用压入方式装入模板的导柱和导套孔内。导向机构应保证动模板在开模和合模时都能灵活滑动，无卡滞现象。保证动、定模板上导柱和导套安装孔的中心距一致（其误差不大于 0.01 mm）。

选任一板，利用芯棒，如图 5-1-23 所示，在压力机上，将导套逐个压入模板。芯棒与模板的配合为 H7/f7，而导套与模板的配合为 H7/m6。

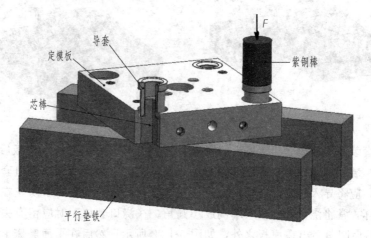

图 5-1-23　导套压入定模板的装配

如图 5-1-24 所示为短导柱用压力机压入定模板的装配示意图。图 5-1-25 所示为长导柱压入固定板的示意图，用导套进行定位，以保证其垂直度和同轴度的精度要求。

装配时先要校正垂直度，再压入对角线的两个导柱，进行开模、合模，试其配合性能是否良好。如发现卡、刮等现象，应涂红粉观察，看清部位和情况，然后退出导柱，进行纠正，校正后再次装入。在两个导柱配合状态良好的前提下，再装另外两个导柱。每装一次均应进行一次上述检查。

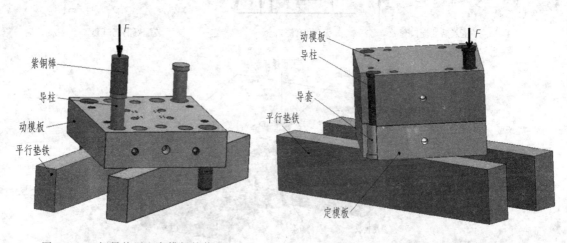

图 5-1-24　短导柱压入定模板的装配　　　　　图 5-1-25　长导柱压入固定板

（5）滑块抽芯机构的装配　滑块抽芯机构（见图 5-1-26）装配后，应保证型芯与凹模达到所要求的配合间隙，滑块运动灵活，有足够的行程和正确的起止位置。

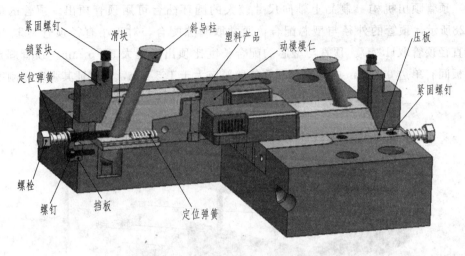

图 5-1-26　滑块抽芯机构的装配

装配方法：① 将定位弹簧装入滑块型芯，再将滑块型芯装入滑块槽，并推至前端与定模定位面接触。

② 装锁紧块，拧上螺钉使锁紧块与滑块斜面均匀接触，同时与分型面之间留有0.2 mm的间隙，此间隙可用塞尺检查，保证锁紧块与滑块之间的锁紧力，否则应修磨滑块斜面，使其与锁紧块斜面密合。

③ 压入斜导柱。

④ 装定位板、复位螺钉和弹簧，使滑块能复位定位。

6. 注塑模具顶出装置的结构形式

顶出机构是把塑件及浇注系统从型腔或型芯上脱出来的机构。凡在动模一边施加一次推出力，就可实现塑件脱模的机构称为简单顶出机构。通常它包括顶杆顶出机构、顶管顶出机构、顶件板顶出机构、多元联合顶出机构等。

（1）顶杆顶出机构　顶杆按其截面形状分为：圆形、方形、矩形、椭圆形、三角形、半圆环形、弓形、半圆形等，圆形顶杆是应用最广泛的形式，如图 5-1-27 所示，顶杆应运动灵活，尽量避免磨损。顶杆由顶杆固定板及顶板带动运动。由导向装置对顶板进行支撑和导向。装配方法一般为：零件检查与修整，将顶杆孔入口处倒小圆角、斜度（顶杆顶端可倒角，在加工时，可将顶杆做长一些，装配后将多余部分磨去）；检查顶杆尾部台肩厚度及顶杆孔台肩深度，使装配后留有0.05 mm 间隙。顶杆尾部台肩太厚时应修磨底部。

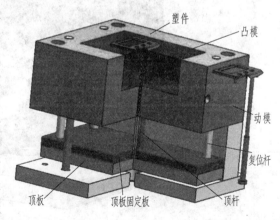

图 5-1-27　顶杆顶出机构

（2）顶管顶出机构　制品上轴向尺寸较大的圆环凸台可用顶管顶出。顶管的配合如图 5-1-28 所示，顶管的外径与型芯配合，通常取间隙配合，对于小直径顶管常取 H8/f8，对于大直径顶管取 H8/f7。顶管与型芯的配合长度比顶出行程大 3～5 mm。顶管固定端外径与模板间有单边 0.5 mm 的间隙。顶管的壁厚应大于 1.5 mm，以保证其强度和刚度。

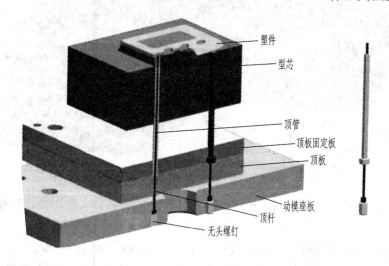

图 5-1-28　顶管顶出机构

（3）顶块顶出机构　顶块顶出实际是顶管顶出的特殊形式，如图 5-1-29 所示，若塑件的表面要求较高，塑件顶出时表面不允许有顶杆痕迹则可以采用顶块式整体顶出机构。镶入式顶块与模板的斜面配合应使底面贴紧，顶板上的型芯孔按型芯固定板上的型芯位置配作，应保证其对于定位基准底面的垂直度在 0.01～0.02 mm 之内，同轴度也同样要求控制在 $\phi 0.01～\phi 0.02$ mm 之内。

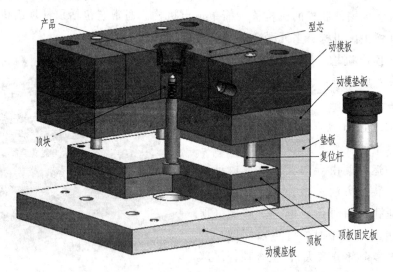

图 5-1-29　顶块顶出机构

（4）顶件板顶出机构　当产品为薄壁容器、壳体零件时，可以采用顶件板顶出，如图 5-1-30 所示，顶出制品时，其定位为四个导柱定位，即在顶出制品的全过程中，始终不脱离导柱（导柱孔与定、动模板一起配镗）。因板件较大，与制品接触的成形面部分，要有一定的硬度与表面粗糙度，多采用局部镶套结构，尤其是多型腔模具。镶套用 H7/m6 或 H7/n6 与顶板配合装紧，大镶套多用螺钉固定。

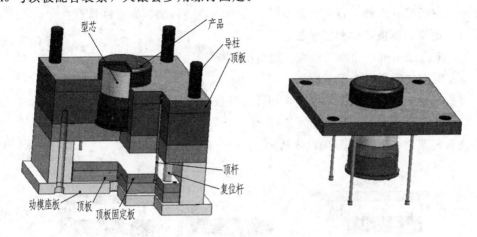

图 5-1-30 顶件板顶出机构

7. 模架及组成零件

目前我国塑料注射模具标准有 GB/T12555—2006《塑料注射模模架》等，除此之外常使用的还有龙记标准塑胶模架、富得巴标准塑胶模底座。在竞争日趋激烈的模具制造行业，为了缩短模具制造周期，提高利润，模架多数由专业的供应商来生产，模具厂家只需要填写相应的模架型号及规格，即可取得所需要的标准模架。

2007 年 4 月 1 日起实施的 GB/T12555—2006《塑料注射模模架》将原来的两个标准合二为一，且将模架的基本结构分为直浇口和点浇口两个类型，同时充分吸收了龙记企业集团的技术标准。

（1）模架组成零件的名称 模架由定模座板、定模板、动模板、动模座板等构件组成，有连接和支撑整套模具的作用。塑料注射模模架按其在模具上的应用方式，可分为直浇口与点浇口两种形式，其组成零件的名称分别如图 5-1-31 和图 5-1-32 所示。

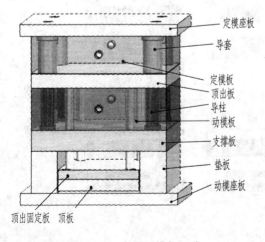

图 5-1-31 直浇口模架组成

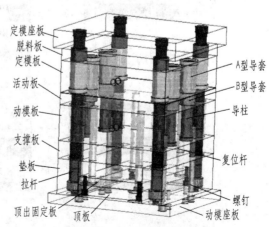

图 5-1-32 点浇口模架组成

（2）模架的组合形式　塑料注射模模架按结构特征可分为 36 种主要结构，其中直浇口模架 12 种，点浇口模架 16 种，简化点浇口模架 8 种。

① 直浇口模架　直浇口模架有 12 种，其中直浇口基本型有 4 种，直身基本型有 4 种，直身无定模座板型有 4 种。直浇口基本型又分为 A 型、B 型、C 型和 D 型。

A 型：定模二模板，动模二模板。

B 型：定模二模板，动模二模板，加装推件板。

C 型：定模二模板，动模一模板。

D 型：定模二模板，动模一模板，加装推件板。直身基本型分为 ZA 型、ZB 型、ZC 型和 ZD 型；直身无定模板座板型分为 ZAZ 型、ZBZ 型、ZCZ 和 ZDZ 型。

直浇口模架组合形式如图 5-1-33 所示。

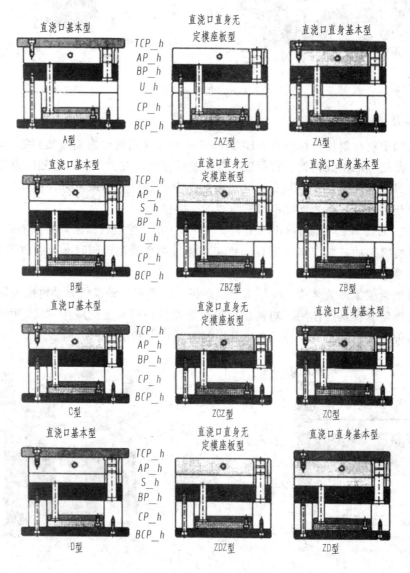

图 5-1-33　直浇口模架

② 点浇口模架 点浇口模架有 16 种，其中点浇口基本型有 4 种，直身点浇口基本型有 4 种，点浇口无推料板型有 4 种，直身点浇口无推料板型有 4 种。

点浇口基本型分为 DA 型、DB 型、DC 型和 DD 型；直身点浇口基本型分为 ZDA 型、ZDB 型、ZDC 型和 ZDD 型；点浇口无推料板型分为 DAT 型、DBT 型、DCT 型和 DDT 型；直身点浇口无推料板型分为 ZDAT 型、ZDBT 型、ZDCT 型和 ZDDT 型。

点浇口模架组合形式如图 5-1-34 所示。

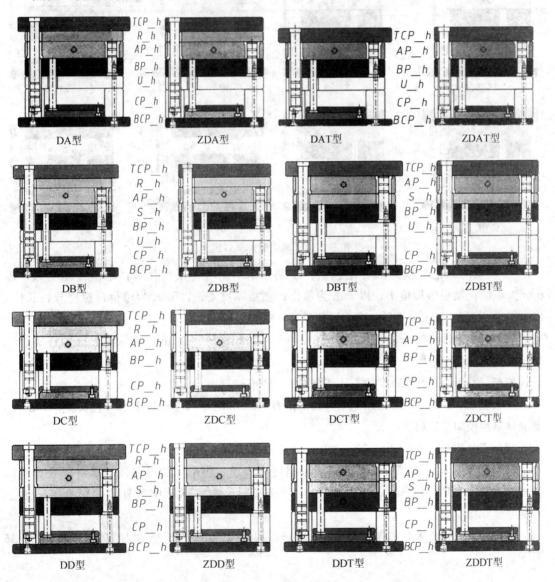

图 5-1-34 点浇口模架

③ 简化点浇口模架 简化型点浇口系列相比点浇口系列的模架少了导柱、导套。简化点浇口模架分为 8 种，其中简化点浇口基本型有 2 种，直身简化点浇口型有 2 种，简化点浇口无推料板型有 2 种，直身简化点浇口无推料板型有 2 种。

简化点浇口基本型分为 JA 型和 JC 型；直身简化点浇口型分为 ZJA 型和 ZJC 型；简化点浇口无推料板型分为 JAT 型和 JCT 型；直身简化点浇口无推料板型分为 ZJAT 型和 ZJCT 型。

简化点浇口模架组合形式如图 5-1-35 所示。

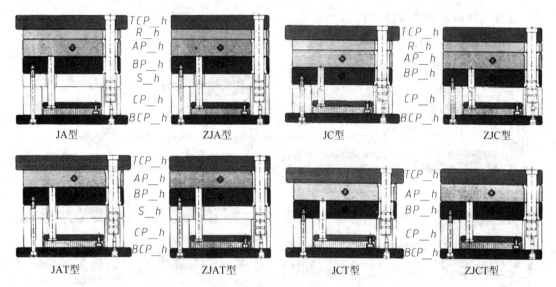

图 5-1-35　简化型点浇口模架

④ 模架的标记　模架的标记包括：模架；基本型号；系列代号；定模板厚度 A，以 mm 为单位；动模板厚度 B，以 mm 为单位；垫板厚度 C，以 mm 为单位；拉杆导柱长度，以 mm 为单位；本标准代号，即 GB/T12555—2006。

例如：模板宽 300 mm、长 250 mm、A＝60 mm、B＝50 mm、C＝70 mm 的直浇口 A 型模架标记如下：

模架 A 3025—60×50×70 GB/T12555—2006

模板宽 200 mm、长 250 mm、A＝50 mm、B＝40 mm、C＝70 mm、拉杆导柱长度 200 mm 的点浇口 B 型模架标记如下：

模架 DB 2025—50×40×70—200 GB/T12555—2006

（3）模架导向件与螺钉安装方式　根据使用要求，模架中的导向件与螺钉可以有不同的安装方式，GB/T12555—2006《塑料注射模模架》国家标准中的具体规定有以下五个方面：

① 根据使用要求，模架中的导柱导套可以有正装或者反装两种形式，如图 5-1-36 所示。

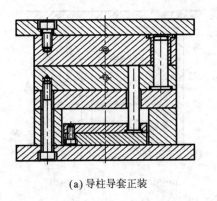

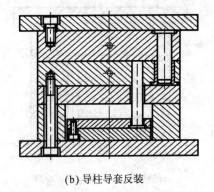

(a) 导柱导套正装　　　　　　　　　　　　　　(b) 导柱导套反装

图 5-1-36　导柱导套正装与反装

② 根据使用要求，模架中的拉杆导柱可以装在外侧或装在内侧，如图 5-1-37所示。

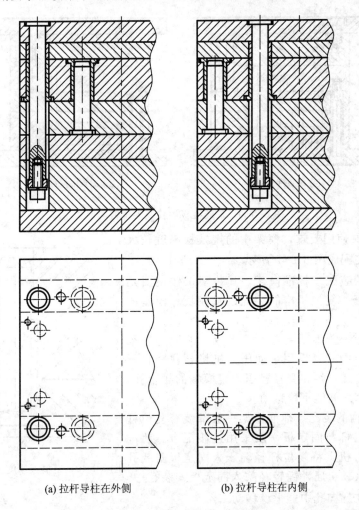

(a) 拉杆导柱在外侧　　　　　　　　　　　　　(b) 拉杆导柱在内侧

图 5-1-37　拉杆导柱的安装形式

③ 根据使用要求，模架中的垫块可以增加螺钉单独固定在动模座板上，如图 5-1-38 所示。

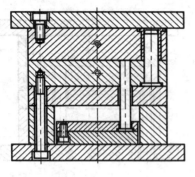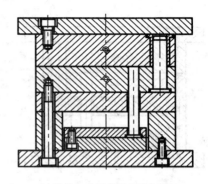

(a) 垫块与动模座板无固定螺钉　　　　(b) 垫块与动模座板有固定螺钉

图 5-1-38　垫块与动模板的安装形式

④ 根据使用要求，模架的推板可以装推板导柱及限位钉，如图 5-1-39 所示。

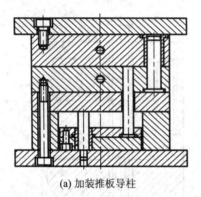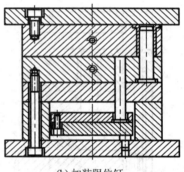

(a) 加装推板导柱　　　　(b) 加装限位钉

图 5-1-39　加装推板导柱及限位钉的形式

⑤ 根据模具使用要求，模架中的定模板厚度较大时，导套可以装配成图 5-1-40 所示。

（4）模架的装配　标准模架，其装配工作主要是导柱导套的装配、复位机构的装配以及模板、模座的装配。

① 导柱导套的装配　导柱导套与模板之间一般采用过盈配合。装配时可采用手动压力机将导柱轻轻压入动模板的导柱孔，将导套轻轻压入定模板的导套孔，并保证导柱导套之间能平稳移动。

② 复位机构的装配　标准模架一般都装有复位杆复位机构，复位杆与固定板一般采用过渡配合。装配时可在手动压力机上将复位杆轻轻压入固定板安装孔中，或用木质（软金属）锤轻轻敲入固定板安装孔中，并保证复位杆在导向孔中能平稳移动。

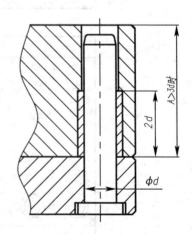

图 5-1-40　定模板厚度较大时的导套结构

③ 模座的装配　模座装配比较简单，主要是用螺钉将装有导套的定模板与定模座板连接起来，然后将复位机构装入动模板，再用螺钉将动模板与动模座板（模脚）连接起来。

装配好的模架应保证定模座板与动模座板安装平面之间的平行度要求以及动、定模板之间分型面的贴合，并符合相应精度等级模架的技术要求。

8. 本套单分型面模具结构工作原理

开模时，动模后退，模具从分型面分开，塑件包紧在型芯上随动模部分一起向左移动而脱离凹模，同时浇注系统凝料在拉料杆的作用下，和塑件一起向左移动。移动一定距离后，当注射机的顶杆接触顶板时，脱模机构开始动作，顶杆顶动塑件从型芯上脱下来，浇注系统凝料同时被拉料杆拉出，然后人工将塑件制件及浇注凝料从分型处取出。闭模时，在导柱和导套的导向定位作用下，动定模闭合。在闭合过程中，定模板顶动复位杆使脱模机构复位。

9. 模具拆卸的原则及安全操作规程

（1）拆卸模具的一般原则

① 必须在模具拆装前读懂模具装配图，清楚模具中每个零部件的作用、工作原理及安装形式、配合关系。应按照各模具的具体结构，制订模具拆卸顺序及方法的方案，提前请指导教师审查。如果先后倒置或贪图省事而猛拆猛敲，就极易造成零件损伤或变形，严重时还将导致模具难以装配复原。

② 根据装配图上的明细表，核对零部件、标准件和装配所需要的特殊工具。

③ 根据标准件，选择合适的通用装配工具（如螺钉旋具、内六角扳手、铜棒、冲子、镊子、干净棉纱、手套、台虎钳、钳工桌等），拆卸时，使用的工具必须保证对合格零件不会发生损伤，应尽量使用专用工具，严禁用钢锤直接在零件的工作表面上敲击。

④ 对要拆卸的模具进行模具类型分析与确定。分析要拆卸模具的工作原理，如浇注系统类型、分型面及分型方式、顶出方式等。

⑤ 确定拆装顺序。拆卸模具之前，应先分清可拆卸和不可拆卸件，然后再制订拆卸方案。一般先将动模和定模分开，分别将动、定模的紧固螺钉拧松，再打出销钉，用拆卸工具将模具各主要板块拆下，然后从定模板上拆下主浇注系统，从动模上拆下顶出系统，拆散顶出系统各零件，从固定板中压出型芯等零件，有侧向分型抽芯机构时，拆下侧向分型抽芯机构的各零件。具体针对各种模具须具体分析其结构特点，采用不同的拆卸方法和顺序，拆卸时，对容易产生位移而又无定位的零件，应做好标记；各零件的安装方向也需辨别清楚，并做好相应的标记，避免在组装时出现错误或漏装零件。

⑥ 对于精密零件，如凸模、凹模等，应放在专用的盘内或单独存放，以防碰伤工作部分。

⑦ 拆下的零件应尽快清洗，以免生锈腐蚀，最好要涂上润滑油。

（2）拆装实训的安全操作规程

① 在模具搬运时，注意动、定模必须在合模状双手（一手扶上模，另一手托下模）搬运，对大型模具的吊装必须有锁模器把动、定模锁住，要注意轻放、稳放。

② 进行模具拆装工作前必须检查工具是否正常，并按手用工具安全操作规程操作，注意正确使用工量具。

③ 拆装模具时，首先应了解模具的工作性能、基本结构及各部分的重要性，按次序拆装。

④ 使用铜棒、撬棒拆卸模具时，姿势要正确，用力要适当。

⑤ 拆卸零部件应尽可能放在一起，不要乱丢乱放，注意放稳放好，工作地点要经常保持清洁，通道不准放置零部件或者工具。

⑥ 拆卸模具的弹性零件时应防止零件突然弹出伤人。

⑦ 传递物件要小心，不得随意投掷，以免伤及他人。

⑧ 不能用拆装工具玩耍、打闹，以免伤人。

5.1.5 任务实施

1. 拆卸

（1）动、定模分开 在台虎钳上用拆卸工具将动、定模分开，最好用字钉做记号，用笔做记号很容易被擦除，并将分开后的动、定模放到工作台上，如图 5-1-41 所示。

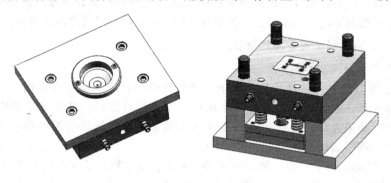

图 5-1-41 动、定模分开图

（2）动模部分的拆卸 动模部分拆卸顺序：紧固螺钉→动模座板→垫块→顶板上的紧固螺钉→顶板→顶杆→顶杆固定板→动模板→导柱→凸模→凸模镶件。

① 拆开动模座板长螺栓，用内六角扳手按对角卸下动模座板长螺钉，卸下的长螺钉放在工作台上盛放零部件的盆内，用铜棒将动模座板从动模上敲开，如图 5-1-42 所示。

② 用内六角扳手拆开连接在动模座板和垫块上的动模座板短螺钉，把垫板从动模座板上拆开，将连接支撑柱和动模座板的支撑柱紧固螺钉拆开，如图 5-1-43 所示。

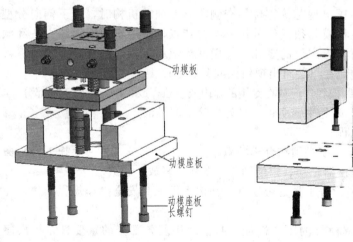

图 5-1-42 拆开动模座板长螺栓

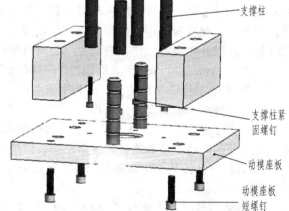

图 5-1-43 拆开动模座板短螺钉、支撑柱紧固螺钉

③ 用铜棒把顶板导柱从动模座板敲出，如图 5-1-44 所示。

④ 手动将顶出系统和动模板分离开，如图 5-1-45 所示。

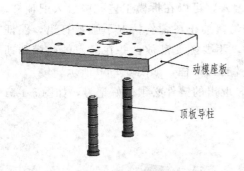

图 5-1-44 拆开顶板导柱

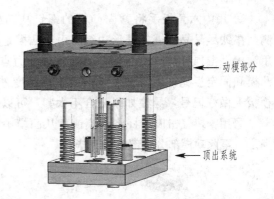

图 5-1-45 手动分离顶出系统和动模板

⑤ 用内六角扳手将顶板与顶杆固定板上的螺钉及垃圾钉拆开，用铜棒将顶板导套从顶杆固定板上敲开，如图 5-1-46 所示。

⑥ 用铜棒将顶杆、拉料杆从顶杆固定板上敲开，在顶杆与顶杆固定板上用记号笔做好标记，以方便装配，避免装错而损坏模具。将复位杆和弹簧从顶杆固定板上敲出，如图 5-1-47所示。

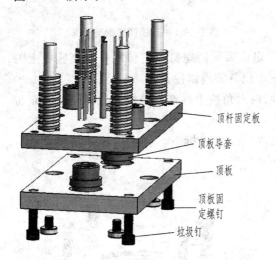

图 5-1-46 拆开顶板与顶杆固定板

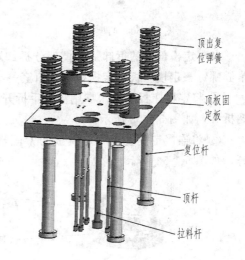

图 5-1-47 将顶杆、拉料杆从顶杆固定板拆开

⑦ 用内六角扳手将紧固行程挡块的螺钉拆开，如图 5-1-48 所示。

⑧ 用活扳手将动模座板上的水嘴拆开，如图 5-1-49 所示。

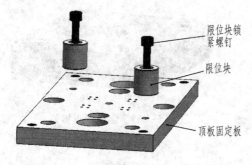

图 5-1-48 将紧固行程挡块的螺钉拆开

图 5-1-49 水嘴拆除

⑨ 用内六角扳手将紧固凸模的螺钉从动模板上拆开，用平行垫铁垫起动模固定板两侧，垫铁尽量靠近镶件外形边缘，由于凸模是沉孔镶入，可以在拆模工艺孔中放入旧顶杆，用铜棒轻击顶杆而打出凸模，凸模各处受力点要均匀，禁止在歪斜情况下强行打出，保证凸模和固定板完好不变形。凸模属于高精度零部件，不要随便乱放，并在敲出的凸模和动模板上做好记号，导柱如果配合不太紧，可以用铜棒打出导柱，如图 5-1-50 所示。

⑩ 用铜棒轻击旧顶杆将凸模镶件从凸模中敲出，取出的镶件必须做好记号，如图 5-1-51 所示。至此动模部分全部拆卸完毕。

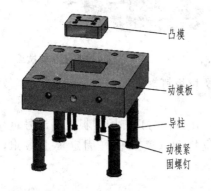

图 5-1-50　凸模拆开

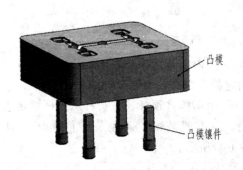

图 5-1-51　凸模镶件拆开

（3）定模部分的拆卸　动模部分拆卸顺序：定位圈紧固螺钉→定位圈→定模座板上的紧固螺钉→定模座板→定模板→浇口套→导套→凹模→凹模镶件。

① 将定模座板上的水嘴用活扳手拆开，再用内六角扳手拆卸定位圈紧固螺钉，将定位圈拆开，如图 5-1-52 所示。

② 将连接定模座板和定模板的紧固螺钉用内六角扳手拆下，将定模板和定模座板分开，如图 5-1-53 所示。

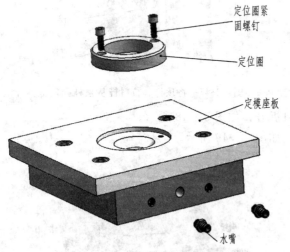

图 5-1-52　定位圈拆开

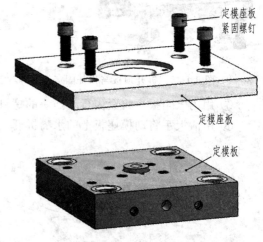

图 5-1-53　定模座板拆开

③ 由于浇口套与定模座板通常是采用过盈配合，在取出时极易把浇口套打变形，因此，禁止用锤和铜棒直接击打浇口套，应选用直径合适而且头部已经车平的紫铜棒作为冲击杆，使其对准浇口套的出胶位部分，用锤或大铜棒击打冲击杆，进而打出浇口套。将连接在定模板上的浇口套用铜棒敲出，再用紫铜棒将导套敲出，如图 5-1-54 所示。

④ 将紧固凹模的螺钉拆开，敲出凹模，凹模属于高精度零部件，不要随便乱放，在敲出的凹模和定模板上做好记号，如图 5-1-55 所示。

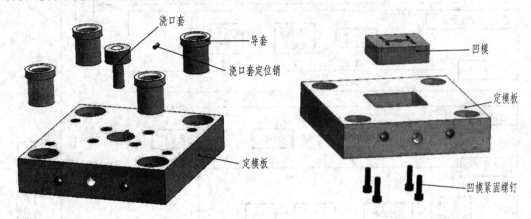

图 5-1-54　浇口套、导套拆开　　　　　　　图 5-1-55　凹模拆开

⑤ 将凹模镶件取出，取出的镶件必须做好记号，如图 5-1-56 所示，至此定模部分拆卸完毕。

模具拆卸完毕，要用煤油或柴油，将拆卸下来的零件上的油污、铁锈或其他杂质擦拭干净，用测绘工具将拆卸的零件进行测绘，并画出装配图。

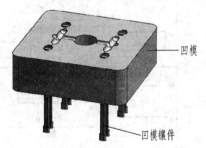

图 5-1-56　凹模镶件拆开

2. 装配

塑料模的装配顺序没有严格的要求，但有一个突出的特点是：零件的加工和装配常常是同步进行的，即经常边加工边装配，这是与冷冲模装配所不同的。清洗已拆卸的模具零件，根据该模具动、定模装配分解图，按"先拆的零件后装，后拆的零件先装"为一般原则制订装配顺序。

塑料模的装配基准有两种：一是动、定模在合模后有正确的配合要求，互相间易于对中时，以其主要工作零件如凸模、凹模和镶件等作为装配基准，在动、定模之间对中后才加工导柱、导套；另一种是当塑料件结构形状使型芯、型腔在合模后很难找正相对位置，或者是模具设有斜滑块机构时，通常是先装好导柱、导套作为模具的装配基准。

为了讨论方便，用装配定位图来表示装配过程。图中以有名称的矩形框表示一个零件，左端第一个零件为装配基准件，从基准件出发，向右画一横线表示装配的顺序，横线上方画的是要进入装配的零件，横线下方画的是组件部件，横线右端表示装配完成模具。模具的装配基准是动模，动模的装配基准是凸模固定板。如图 5-1-57 所示为本套单分型面模具装配的流程图。

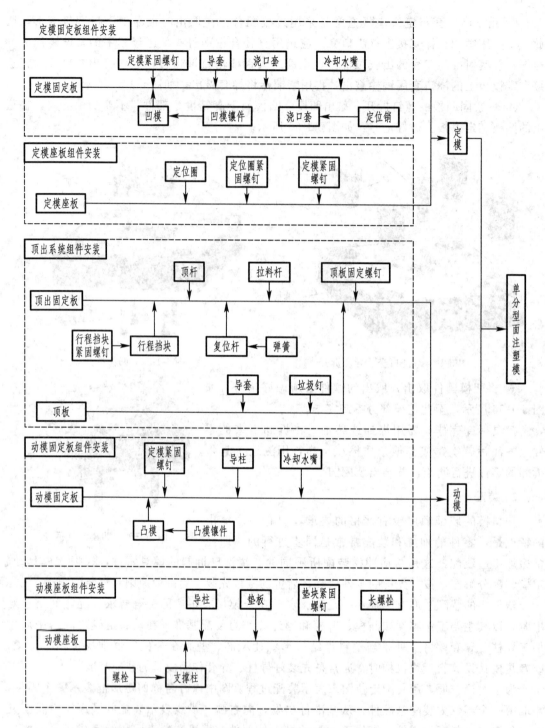

图 5-1-57　单分型面模具装配的流程图

（1）总体装配技术要求

① 模具安装平面的平行度误差小于 0.05 mm。

② 模具闭合后分型面应均匀密合。

③ 模具闭合后，动模部分和定模部分的型芯位置正确。

④ 导柱、导套滑动灵活，无阻滞现象。

⑤ 推件机构动作灵活可靠。

⑥ 装配后的模具闭合高度、安装于注射机上的各配合部位尺寸、顶出板顶出形式、开模距等均应符合图样要求及所使用设备条件。

⑦ 模具外露非工作部位棱边均应倒角。

⑧ 大、中型模具均应有起重吊孔、吊环供搬运用。

⑨ 模具闭合后，各承压面（或分型面）之间要闭合严密，不得有较大缝隙。

⑩ 装配后的模具应打印标记、编号及合模标记。

（2）定模安装

① 定模固定板组件安装 将凹模镶件先用紫铜棒打入到凹模内，然后将凹模压入到定模固定板内，压入过程中要不断校验垂直度，以免损坏凹模镶件和凹模，再装入凹模紧固螺钉并拧紧；用紫铜棒将导套打入定模板内，导套在装入时要注意原来拆装时做的记号，以免装错位置；用紫铜棒将浇口套打入定模板上，有定位防转动装置，安装时要对准定位槽，浇口套开有流道槽的，安装时要与定模板流道槽对准；再安装冷却水嘴，螺纹部位包裹密封带（生料带），并且装入动模冷却水道螺纹孔内，保证密封可靠，不漏水，如图 5-1-58 所示。

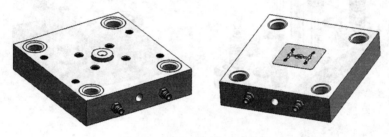

图 5-1-58 定模固定板组件安装

② 定模座板组件安装 用定模紧固螺钉将定模板与定模座板紧固连接起来；把定位圈用螺钉连接在定模座板上，如图 5-1-59 所示。

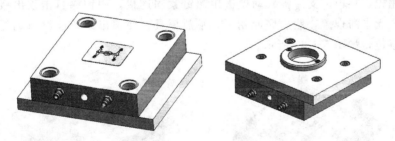

图 5-1-59 定模座板组件安装

（3）动模部分装配

① 动模固定板组件安装 将凸模镶件装入凸模，安装过程同定模部分，把导柱装入动模板；用紫铜棒将导柱打入定模板内，用导套进行定位，以保证其垂直度和同轴度的精度要求，导柱在装入时要注意原来拆装时做的记号，以免装错位置，导套与导柱滑动灵活无卡滞；安装冷却水嘴，螺纹部位包裹密封带（生料带），并且装入动模冷却水道螺纹孔内，保证密封可靠，不漏水，如图 5-1-60 所示。

图 5-1-60　动模固定板组件安装

② 顶出系统组件安装　将顶出系统的小导套装入顶板上，再将垃圾钉用内六角扳手旋入顶板。将行程挡块用紧固螺钉紧固在顶出固定板上，把顶杆、弹簧、复位杆、拉料杆穿入顶杆固定板及内模板内，合上顶板，拧紧螺钉，装入顶杆时，要注意标记，以防装错损坏模具，如图 5-1-61 所示。

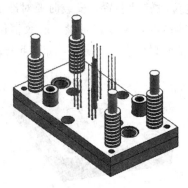

图 5-1-61　顶出系统组件安装

③ 动模座板组件安装　将支撑柱用螺钉紧固在动模座板上，将支撑板（垫板）、顶杆固定板、顶板与定模板的基面对齐，将两件垫块对正放入，合上动模座板，插入顶出板导柱，把动模座板、垫板、支撑板、动模板用螺钉紧固连接。用铜棒打击顶出板，保证顶出平稳、灵活，无卡滞现象，然后底面朝下，平放模具，使顶出系统能够自动复位，或轻打复位杆顺利复位，如图 5-1-62 所示。

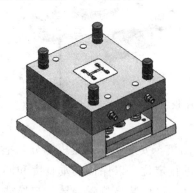

图 5-1-62　动模座板组件安装

（4）动、定模合模　动模在下，定模在上，按标记把动、定模合模，保证导套导柱顺利滑动，无卡滞现象，在合模过程中，切记方向务必正确，不然会压坏模具，如图 5-1-63所示。

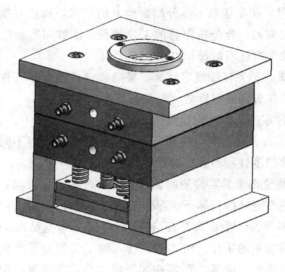

图 5-1-63　动、定模合模

5.1.6　评价标准

单分型面注塑模拆装评价标准见表 5-1-1。

表 5-1-1　单分型面注塑模拆装实习记录及成绩评定表

班级：_____　　姓名：_____　　学号：_____　　成绩：_____

序号	技术要求	配分	评分标准	实测记录	得分
1	准备工作充分	10	每缺一项扣 2 分		
2	拆卸过程安排合理	10	总体评定		
3	定、动模的正确拆卸	15	测试		
4	零件正确、规范的安放	15	总体评定		
5	拆卸过程安排合理	10	总体评定		
6	动、定模的正确安装	20	测试		
7	工具的合理及准确使用	5	总体评定		
8	绘制零件图、总装草图	10	每错一处扣 1 分		
9	安全文明生产	5	违者每次扣 2 分		
10	工时定额 2 h		每超 1 h 扣 5 分		
11	现场记录				

5.1.7 归纳总结

1. 通过本节的学习，初步接触了单分型面模具的结构，通过对模具的拆装，读者应能看清楚各零件间的装配关系，能分析模具的工作过程，能够在实际生产当中灵活运用所学知识，对具体工作对象采取适当的操作方法。

2. 拆卸和装配模具时，先仔细观察模具，务必搞清楚模具零部件的相互关系和紧固方法，并按钳工的基本操作方法进行拆装，以免损坏模具零件。

3. 拆卸过程中，各零件及相对位置应做好标记。

4. 准确使用拆卸工具，拆卸配合时要分别采用拍打、压出等不同方法对待不同的配合关系的零件，不可拆卸的零件和不宜拆卸的零件不要拆卸。

5. 按拟定的顺序将全部模具零件装回原来位置。注意正反方向，防止漏装，遇到零件受损不能进行装配时应在老师的指导下学习用工具修复受损零件后再装配。

6. 装配后检查，观察装配后模具是否与拆卸前一致，检查是否有错装和漏装等现象。

模具拆装是一个高技术的工作、精细的工作，除了工作步骤要正确外，拆下的零件一定要如数装回，要耐心细致，尤其成形零件加工成本高，拆卸时一定要爱惜，不得使蛮力敲打。

通过这一实践环节，增强感性认识，巩固和加深所学的理论知识，锻炼动手能力，提高分析问题、解决问题的能力，为以后的设计工作和处理现场问题打好实践基础。

5.2 带侧向分型抽芯的注塑模拆装

5.2.1 任务描述

对图 5-2-1 所示的带侧向分型抽芯的注塑模进行拆装。

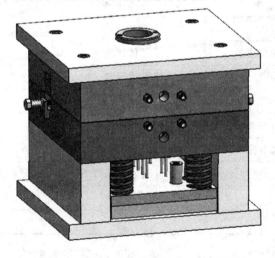

图 5-2-1 带侧向分型抽芯的注塑模总装图

5.2.2 任务分析

当塑件上有侧凹或侧孔时，在模具内设置由斜导柱或斜滑块等组成的侧向分型抽芯机构，使侧型芯作横向运动。如图 5-2-2 所示，开模时，斜导柱先带动滑块往外移，当侧型芯完全脱出产品时，顶出机构才开始动作，顶出制品。通过对带侧向分型抽芯的注塑模具的拆装（图 5-2-1 所示为带侧向分型抽芯的注塑模具，图 5-2-2 为定模分解图，图 5-2-3 为动模分解图，图 5-2-4 为产品和流道系统图），了解塑料模具的整体结构、配合方式、工作原理，掌握各种钳工拆装工具的使用，掌握正确的模具拆装工艺，对模具进行相应要求的调试，使之达到要求。通过注塑成形产品对其进行检测，判断是否合格。拆装评分标准见5.2.6 节表 5-2-1。

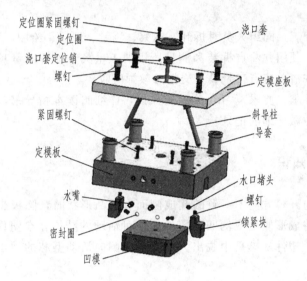

图 5-2-2 定模分解图

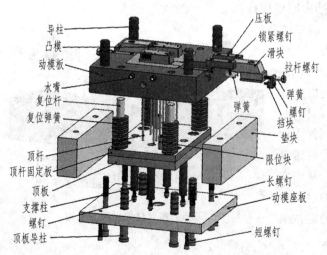

图 5-2-3 动模分解图

图 5-2-4 产品和流道系统

5.2.3 任务准备

1. 选择模具

选择典型带侧向分型抽芯的注塑模具一副，如图 5-2-1 所示（可根据实际生产情况予以选取）。

2. 拆装用操作工具

内六角扳手、旋具、平行垫铁、活扳手、台虎钳、铜棒、锤子、盛物容器等。

3. 拆装用量具

游标卡尺、直角尺、钢直尺、千分尺等。

4. 实训准备

（1）小组人员分工　同组人员对拆卸、观察、测量、记录、绘图、装配等分工负责。

（2）工具准备　领用并清点拆装和测量所用的工量具，了解工量具的使用方法及使用要求。实训结束时按清单清点工量具，交指导教师验收。

（3）熟悉实训要求　要求复习有关理论知识，详细阅读本指导书，对实训报告所要求的内容在实训过程中做详细的记录。

5.2.4 相关工艺知识

当塑件上具有与开模方向不一致的孔或侧面有凹凸形状时，除极少数情况可以强制脱模外，一般都必须将成形侧孔或侧凹的零件做成可活动的结构，在塑件脱模前，先将其抽出，然后才能将整个塑件从模具中脱出。这种完成侧向活动型芯的抽出和复位的机构就叫侧向抽芯机构。

侧抽芯注塑模脱出塑件的运动有两种情况：① 开模时优先完成侧向分型和抽芯，然后推出塑件；② 侧向分型抽芯与塑件的推出同步进行。

斜导柱侧向抽芯机构结构紧凑，制造方便，动作可靠，适用于抽拔距和抽拔力不大的情况。斜导柱侧向抽芯机构主要由侧型芯、侧滑块、斜导柱、锁紧块和定位装置组成，如图 5-2-5所示，本模具中采用斜导柱抽芯机构，通过斜导柱与滑块的运动将侧型芯从制件中抽出。当注射机带动动模座下移时，斜导柱带动滑块侧向移动，将侧型芯插于型腔中，从而实现侧向的分型与复位动作。在它运动的过程中其定位靠的是锁紧块的锁紧与定位珠的定位来实现的。

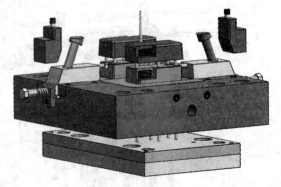

图 5-2-5　斜导柱侧向抽芯机构

1. 斜导柱的设计

斜导柱是分型抽芯机构的关键零件。它的作用是：在开模时将侧型芯与滑块从塑件中抽拔出来，而在合模过程中将侧型芯与滑块顺利复位到成形位置。

（1）斜导柱的结构及固定形式　斜导柱的形状如图 5-2-6 所示，常用的斜导柱截面形状有圆形和矩形。其工作端的端部常设计成锥台形。圆形截面加工方便，装配容易，应用较广，矩形截面在相同截面面积条件下，具有较大的抗弯截面系数，能承受较大的弯矩，强度、刚度好，但加工与装配较难，适用于抽拔力较大的场合。材料多为 T8、T10 等，由于斜导柱经常与滑块摩擦，热处理要求硬度 ≥ 55HRC，表面粗糙度 $Ra ≥ 0.8$ μm。斜导柱固定段与模板的配合为 H7/m6，与滑块呈间隙配合，通常为 H11/a11，有时需要保持 0.5～1.0 mm 的间隙。

图 5-2-6　斜导柱截面形状及固定形式

（2）斜导柱斜角的确定　因开模行程受到注射机开模行程的限制，斜导柱工作长度的加长，会降低斜导柱的刚度，所以斜导柱斜角应综合考虑本身的强度、刚度和注射机开模行程，在抽拔距一定的情况下，角度越大，所需斜导柱就越短。为缩短斜导柱长度，从理论上推导，$α$ 取 22°30′为宜，在生产中斜角 $α$ 一般取 15°～20°，最大不超过 25°。

2. 滑块与导滑槽的设计

（1）侧滑块　侧滑块（简称滑块）是斜导柱侧向分型抽芯机构中的一个重要零部件。它的上面安装有侧向型芯或侧向成形块，注射成形时塑件尺寸的准确性和移动的可靠性都需要靠它的运动精度来保证。在侧型芯简单且容易加工的情况下，也可以将侧滑块和侧型芯制成一体的，称为整体式侧滑块。为便于加工和修配以及节省优质钢材，在生产中广泛应用组合式滑块，即将侧型芯安装在滑块上。侧型芯与滑块的连接方式如图 5-2-7 所示。

（2）滑块的导滑形式　为确保侧型芯可靠地抽出和复位，保证滑块在移动过程中平稳，无上下蹿动和卡死现象，滑块与导滑槽必须很好配合和导滑。滑块与导滑槽的配合一般采用 H7/f7，常见形式如图 5-2-8 所示。

滑块斜导孔与斜导柱的配合一般有 0.5 mm 的间隙，这样在开模的瞬间有一个很小的空行程，因此，在未抽芯前强制塑件脱出定模型腔或型芯，并使楔紧块首先脱离滑块，然后进行抽芯。

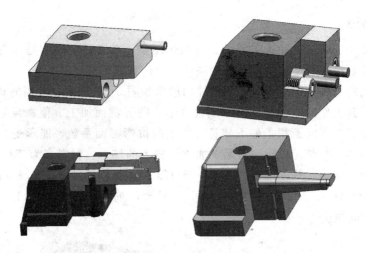

图 5-2-7　侧型芯与滑块的连接形式

① 整体式：结构简单紧凑，广泛用于小型模具，如图 5-2-8（a）所示。

② 镶拼式：侧滑座或导滑槽由镶拼形式组成，如图 5-2-8（b）所示。

将导滑板固定在模板上，加工工艺性好，容易保证精度。导滑槽用左右对称的局部镶块组成，这两块镶件可以在热处理后进行加工，因此可以很好地保证硬度和精度，降低劳动强度，提高机床利用率。

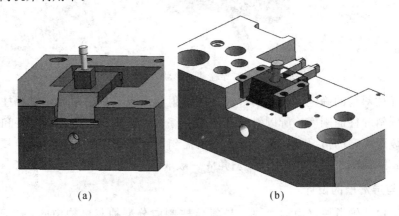

(a)　　　　　　　　　　(b)

图 5-2-8　滑块的导滑形式

（3）滑块的定位装置　滑块在开模过程中要运动一定距离，因此，为保证斜导柱伸出端准确可靠地进入滑块斜孔，使滑块能够安全回位，必须给滑块安装定位装置，且定位装置必须灵活可靠，保证滑块在原位不动，但特殊情况下可不采用定位装置，如左右侧跑滑块，但为了安全起见，仍然要装定位装置。常见的定位装置如下：

① 利用弹簧螺钉和挡板定位，弹簧强度为滑块重量的 1.5～2 倍，适用于向上和侧向抽芯，如图 5-2-9（a）所示。

② 利用弹簧销或弹簧钢球定位，一般滑块较小的场合下，用于侧向抽芯，如图 5-2-9（b）、（c）所示。

③ 利用埋在导滑槽内的弹簧和挡块与滑块的沟槽配合，弹簧强度为滑块重量的 1.5～2 倍，适用于向上和侧向抽芯，图 5-2-9（d）所示。

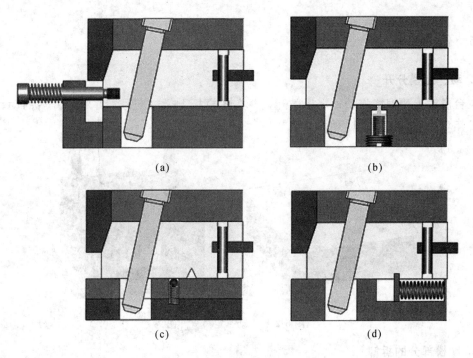

(a)　　　　　　　　　　　　(b)

(c)　　　　　　　　　　　　(d)

图 5-2-9　滑块的定位装置

3. 锁紧块的形式

成形过程中，侧型芯在抽芯方向受到熔体较大的推力作用，这个力通过滑块传给斜导柱，而一般斜导柱为细长杆，受力后容易变形。因此须设置楔紧块，以压紧滑块，使滑块不致产生位移，从而保护斜导柱并保证滑块在成形时的位置精度。图 5-2-10 所示为常用楔紧块形式。

为了保证斜面能在合模时压紧滑块，而在开模时又迅速脱开滑块，以免楔紧块影响斜导柱对滑块的驱动，楔角 α' 一般都要比斜导柱斜角 α 大一些，$\alpha'=\alpha+（2°\sim3°）$。

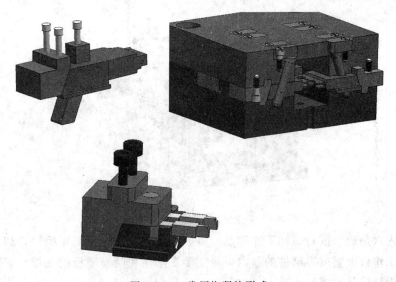

图 5-2-10　常用楔紧块形式

5.2.5 任务实施

1. 动、定模分开

在台虎钳上用铜棒将动、定模敲开，并在各模板上做好记号，并将分开后的动、定模放到工作台上，如图 5-2-11 所示。

图 5-2-11 动、定模分开图

2. 动模部分的拆卸

动模部分拆卸顺序：限位板→压板→滑块→动模座板→垫块→顶板导柱→支撑柱→顶出板→顶板导套→顶出固定板→顶杆、拉料杆、复位杆、复位弹簧→动模固定板→导柱→型芯→型芯镶件。

（1）用活扳手拧松拉杆螺钉、水嘴，取下弹簧和水嘴，再用内六角扳手拆下压板锁紧螺钉、挡块锁紧螺钉，取下压板、挡块、滑块和限位弹簧，图 5-2-12 所示为侧向抽芯机构拆开的示意图。

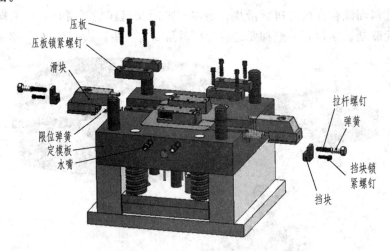

图 5-2-12 侧向抽芯机构拆开

（2）用内六角扳手按对角卸下连接动模座板和垫块的长螺钉、短螺钉，卸下的长螺钉、短螺钉放在工作台上盛放零部件的盆内，将连接支撑柱和动模座板的支撑柱紧固螺钉拆开，用铜棒把顶板导柱从动模座板敲出，如图 5-2-13 所示。

（3）手动将顶出系统和动模板分离开，如图 5-2-14 所示。

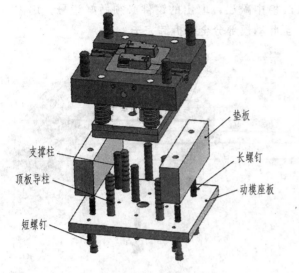

图 5-2-13　动模座板拆开

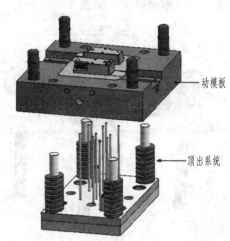

图 5-2-14　手动将顶出系统和动模板分离

（4）用内六角扳手将顶板与顶杆固定板上的螺钉及垃圾钉拆开，用铜棒将顶板导套从顶杆固定板上敲开，如图 5-2-15 所示。

（5）用铜棒将顶杆、拉料杆从顶杆固定板上敲开，在顶杆与顶杆固定板上用记号笔做好标记，以方便装配，避免装错而损坏模具。将复位杆和弹簧从顶杆固定板上敲出，用内六角扳手将紧固行程挡块的螺钉拆开，如图 5-2-16 所示。

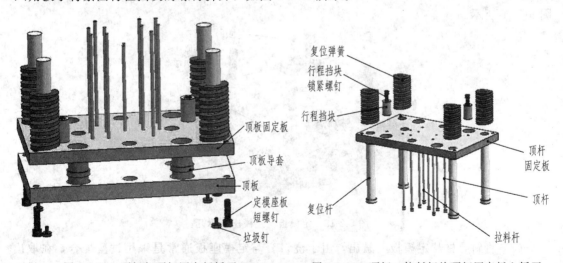

图 5-2-15　顶板与顶杆固定板拆开　　　　　　图 5-2-16　顶杆、拉料杆从顶杆固定板上拆开

（6）用内六角扳手将紧固凸模的螺钉从动模板上拆开，用平行垫铁垫起动模固定板两侧，垫铁尽量靠近镶件外形边缘，由于凸模是沉孔镶入，可以在拆模工艺孔中放入旧顶杆，用铜棒击打顶杆而打出凸模，凸模各处受力点要均匀，禁止在歪斜情况下强行打出，保证凸模和固定板完好不变形。凸模属于高精度零部件，不要随便乱放，并在敲出的凸模和动模板上做好记号，导柱如果配合不太紧，可以用铜棒打出导柱。凸模与凹模拆开的示意图

如图 5-2-17 所示。

（7）用铜棒击打旧顶杆将动模镶件从凸模中敲出，取出的镶件必须做好记号，用内六角扳手拧出水道堵头，如图 5-2-18 所示。至此动模部分全部拆卸完毕。

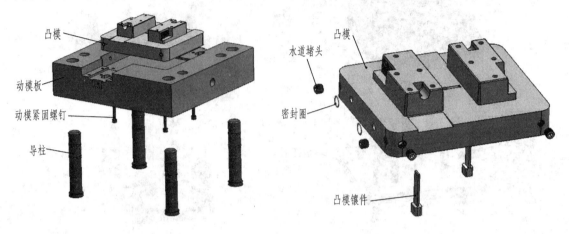

图 5-2-17　凸模与动模板拆开　　　　　　　图 5-2-18　动模镶件从凸模拆开

3. 定模部分拆卸

动模部分拆卸顺序：定位圈紧固螺钉→定位圈→定模座板上的紧固螺钉→定模座板→锁紧块→斜导柱→浇口套→导套→凹模→凹模镶件。

（1）将定模座板上的水嘴拆开，再用内六角扳手拆卸定位圈紧固螺钉，将定位圈拆开，再将连接定模座板和定模的紧固螺钉用内六角扳手拆下，将定模板和定模座板分开，如图 5-2-19 所示。

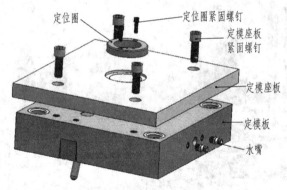

图 5-2-19　定模板与定模座板拆开

（2）将斜导柱从定模板上敲出，由于浇口套与定模座板通常是采用过盈配合，在取出时极易把浇口套打变形，因此，禁止用锤和铜棒直接击打浇口套，应选用直径合适而且头部已经车平的紫铜棒作为冲击杆，使其对准浇口套的出胶位部分，用锤或大铜棒击打冲击杆，进而打出浇口套。将连接在定模板上的浇口套用铜棒敲出，如图 5-2-20 所示。

（3）再用紫铜棒将导套敲出，如图 5-2-21 所示。

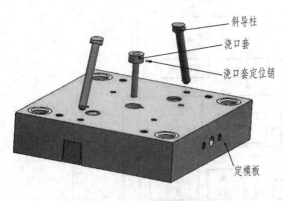

图 5-2-20　斜导柱从定模板上拆开

图 5-2-21　导套从定模板上拆开

（4）将紧固凹模的螺钉拆开，敲出凹模，凹模属于高精度零部件，不要随便乱放，在敲出的凹模和定模板上做好记号。拆卸锁紧块紧固螺钉，把锁紧块卸下，如图 5-2-22 所示。

（5）用内六角扳手拧出水道堵头，如图 5-2-23 所示。至此定模部分拆卸完毕。

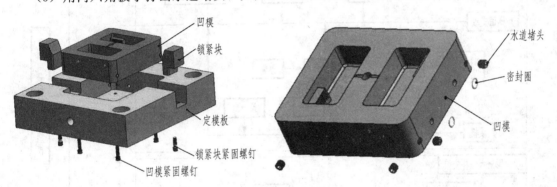

图 5-2-22　凹模、锁紧块从定模板上拆开

图 5-2-23　水道堵头从凹模中拆开

模具拆卸完毕，要用煤油或柴油，将拆卸下来的零件上的油污、铁锈或其他杂质擦拭干净，用测量工具测量零件，画出零件图和装配图。

4. 模具装配

为了讨论方便，用装配定位图来表示装配过程，其画法和规则参见 5.1 节。如图 5-2-24 所示为带侧向分型抽芯的注塑模安装流程。

（1）定模安装

① 定模固定板组件安装　将凹模镶件先用紫铜棒打入到凹模内，用内六角扳手将水道堵头拧入凹模，再装入定模板与凹模之间的冷却水道上的密封圈，必要时更换密封圈。安装凹模时为了防止密封圈跳起或错位，可在密封圈边缘处涂少量 502 胶水，然后将凹模压入到定模固定板内，压入过程中要不断校验垂直度，以免损坏凹模镶件和凹模，再装入凹模紧固螺钉并拧紧；用紫铜棒将导套打入定模板内，导套在装入时要注意原来拆装时做的记号，以免装错位置；用紫铜棒将浇口套打入定模板上，有定位防转动装置，安装时要对准定位槽，浇口套开有流道槽的，安装时要与定模板流道槽对准；将锁紧块用螺钉紧固在定模固定板上，再将斜导柱装入定模板上；安装冷却水嘴，螺纹部位包裹密封带（生料带），并且装入动模冷却水道螺纹孔内，保证密封可靠、不漏水，如图 5-2-25 所示。

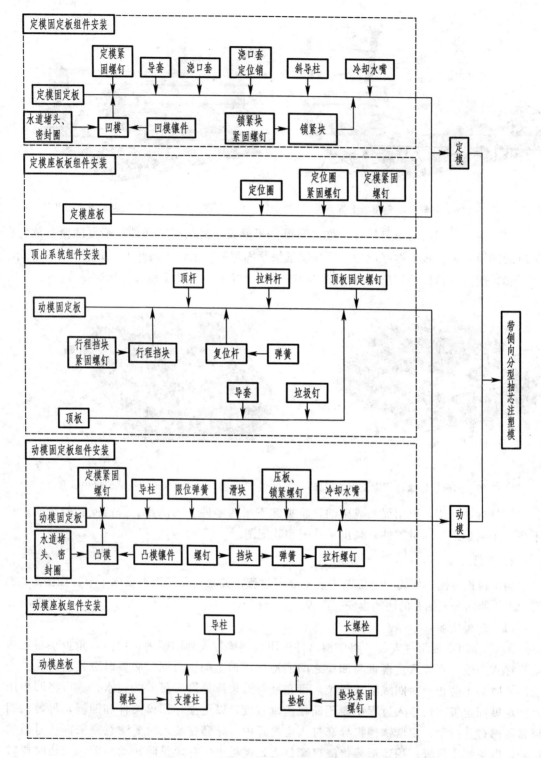

图 5-2-24 带侧向分型抽芯的注塑模安装流程

图 5-2-25　定模固定板组件安装

② 定模座板组件安装　用定模紧固螺钉将定模板与定模座板紧固连接起来；把定位圈用螺钉连接在定模座板上，如图 5-2-26 所示。

图 5-2-26　定模座板组件安装

（2）动模部分装配

① 动模固定板组件安装　将凸模镶件装入凸模，安装过程同定模部分，把导柱装入动模板。用紫铜棒将导柱打入定模板内，用导套进行定位，以保证其垂直度和同轴度的精度要求，导柱在装入时要注意原来拆装时做的记号，以免装错位置，导套与导柱滑动灵活无卡滞。将限位弹簧和滑块装入导滑槽，滑动部分要涂适量的润滑油，再将压板用内六角头螺钉锁紧在动模固定板，保证滑块与导滑槽配合良好，滑动灵活无卡滞。再将限位块用螺钉锁紧在动模固定板上，把弹簧套在拉杆螺钉上，再把拉杆螺钉拧入滑块。最后用销钉紧固到滑板，安装冷却水嘴，螺纹部位包裹密封带（生料带），并且装入动模冷却水道螺纹孔内，保证密封可靠，不漏水，如图 5-2-27 所示。

图 5-2-27　动模固定板组件安装

② 顶出系统组件安装　将顶出系统的小导套装入顶板，再将垃圾钉用内六角扳手旋入顶板。将行程挡块用紧固螺钉紧固在顶出固定板上，顶杆、拉料杆与固定板呈过孔装配，把顶杆、弹簧、复位杆、拉料杆穿入顶杆固定板及内模板内，合上顶板，按对角拧紧螺钉，敲击复位杆发现复位杆有卡滞现象，装入顶杆时，要注意标记，以防装错损坏模具，如图 5-2-28 所示。

图 5-2-28　顶出系统组件安装

③ 动模座板组件安装　将支撑柱用螺钉紧固在动模座板上，将支撑板（垫板）、顶杆固定板、顶板与定模板的基面对齐，将两件垫块对正放入，合上动模座板，插入顶出板导柱，把动模座板、垫板、支撑板、动模板用螺钉紧固连接。用铜棒打击顶出板，保证顶出平稳、灵活，无卡滞现象，然后底面朝下，平放模具，使顶出系统能够自动复位，或轻打复位杆顺利复位，如图 5-2-29 所示。

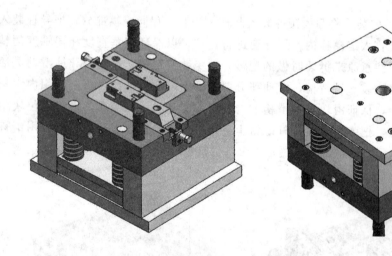

图 5-2-29　动模座板组件安装

5. 动、定模合模

动模在下，定模在上，按标记把动、定模合模，保证导套导柱顺利滑动，无卡滞现象，在合模过程中，切记方向务必正确，不然会压坏模具。斜销应能顺利装入滑块，不能顺利装入可以通过研磨修配等解决，直到能顺利装配，滑块在导轨内要运行顺畅，将零件滑动表面擦拭干净然后上油，按记号方向将模具合拢，沿四周敲击合模，如图 5-2-30 所示。

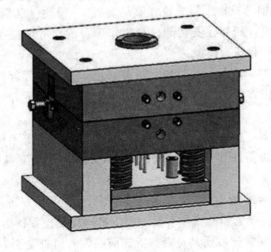

图 5-2-30 动、定模合模

5.2.6 评价标准

带侧向分型抽芯的注塑模拆装评价标准见表 5-2-1。

表 5-2-1 带侧向分型抽芯的注塑模拆装实习记录及成绩评定表

班级：_____ 姓名：_____ 学号：_____ 成绩：_____

序号	技术要求	配分	评分标准	实测记录	得分
1	准备工作充分	10	每缺一项扣 2 分		
2	拆卸过程安排合理	10	总体评定		
3	定、动模的正确拆卸	15	测试		
4	零件正确、规范的安放	15	总体评定		
5	装配过程安排合理	10	总体评定		
6	动、定模的正确安装	20	测试		
7	工具的合理使用	5	总体评定		
8	绘制零件图、总装草图	10	每错一处扣 1 分		
9	安全文明生产	5	违者每次扣 2 分		
10	工时定额 3 h	每超 1 h 扣 5 分			
11	现场记录				

5.2.7 归纳总结

1. 通过对本节的学习，理解带侧向分型抽芯的注塑模拆装的特点，熟练运用安装和检测技能完成装配模具的推杆、装配推件板、装配斜导柱芯机构、装配模具的导向零件等工作。

2. 斜导柱侧向分型抽芯机构由斜导柱（驱动装置）、滑块（及侧型芯）、锁紧块、导滑槽、定位装置等部分组成，斜导柱安装部分与工作部分的尺寸公差不同，安装部分采用过渡配合，工作部分与滑块孔留有间隙。

3. 拆卸和装配模具时，先仔细观察模具，务必搞清楚模具零部件的相互关系和紧固方法，并按钳工的基本操作方法进行拆装，以免损坏模具零件。拆卸过程中，各零件及相对位置应做好标记。

4. 准确使用拆卸工具，拆卸配合时要分别采用拍打、压出等不同方法对待不同的配合关系的零件，不可拆卸的零件和不宜拆卸的零件不要拆卸，上下模的导柱导套不要拆下，否则不易还原。

5. 按拟定的顺序将全部模具零件装回原来位置。注意正反方向，防止漏装，遇到零件受损不能进行装配时，应在老师的指导下学习用工具修复受损零件后再装配。

6. 装配后检查，观察装配后模具是否与拆卸前一致，检查是否有错装和漏装等现象。

5.3　双分型面注塑模拆装

5.3.1　任务描述

对图 5-3-1 所示的双分型面注塑模进行拆装。

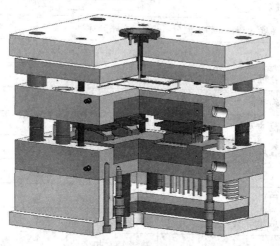

图 5-3-1　双分型面注塑模总装图

5.3.2　任务分析

双分型面注塑模又称为三板式注塑模（定模板、动模板、脱料板），常用于点浇口进料的情况。这种模具有两个分型面，为保证两个分型面的打开顺序和打开距离，要在模具上增加必要的辅助装置，因此模具结构较复杂。根据需要，既可以设计成单型腔注塑模，也可以设计成多型腔注塑模，对于大型塑料制件，可以采用多浇口成形，应用十分广泛。通过对双分型面模具拆装（图 5-3-1 所示是双分型面注塑模具，图 5-3-2 为定模分解图，图 5-3-3为动模分解图，图 5-3-4 为产品和流道系统图），了解塑料模具的整体结构、配合方式、工作原理，掌握各种钳工拆装工具的使用，掌握正确的模具拆装工艺，对模具进行相应要求的调试，达到要求。通过注塑成形产品对其进行检测，判断是否合格。拆装评分标准见 5.3.6 节表 5-3-1。

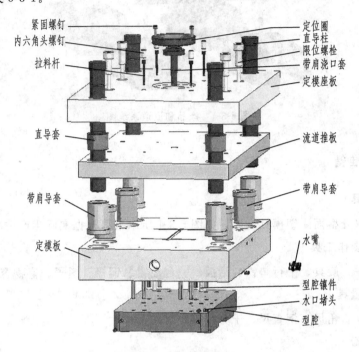

图 5-3-2　定模分解图

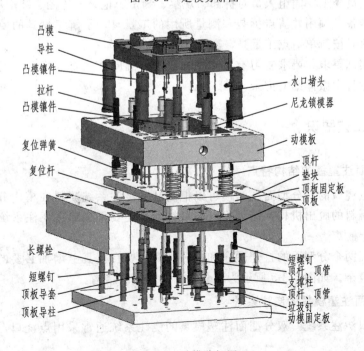

图 5-3-3　动模分解图

图 5-3-4　产品和流道系统图

5.3.3　任务准备

1. 选择模具

选择典型双分型面注塑模具一副，如图 5-3-1 所示（可根据实际生产情况予以选取）。

2. 拆装用操作工具

内六角扳手、旋具、平行垫铁、活扳手、台虎钳、铜棒、锤子、盛物容器等。

3. 拆装用量具

游标卡尺、直角尺、钢直尺、千分尺等。

4. 实训准备

（1）小组人员分工　同组人员对拆卸、观察、测量、记录、绘图、装配等分工负责。

（2）工具准备　领用并清点拆装和测量所用的工量具，了解工量具的使用方法及使用要求。实训结束时按清单清点工量具，交指导教师验收。

（3）熟悉实训要求　要求复习有关理论知识，详细阅读本指导书，对实训报告所要求的内容在实训过程中做详细的记录。

5.3.4　相关工艺知识

1. 双分型面注塑模的结构特点

（1）采用点浇口的双分型面注塑模可以把制品和浇注系统凝料在模内分离，为此应该设计浇注系统凝料的脱出机构，保证将点浇口拉断，还要可靠地将浇注系统凝料从定模板或型腔中间板上脱离。

（2）为保证两个分型面的打开顺序和打开距离，要在模具上增加必要的辅助装置，因此模具结构较复杂。如图 5-3-5 所示为双分型面注塑模的结构。

2. 双分型面注塑模具的浇注系统

（1）点浇口浇注系统　双分型面注塑模具的浇注系统通常采用点浇口，点浇口是一种非常细小的浇口，又称为针点浇口。如图 5-3-6 所示为双分型面注塑模的点浇口浇注系统及产品。它在制件表面只留下针尖大的痕迹，不会影响制件的外观。点浇口具有以下优点：有利于充模；便于控制浇口凝固时间；便于实现塑件生产过程的自动化；浇口痕迹小，容易修整。但是，对注射压力要求高；模具结构复杂；不适合高黏度和对剪切速率不敏感的塑料熔体。点浇口可与主流道直接接通，还可经分流道的多点进料。

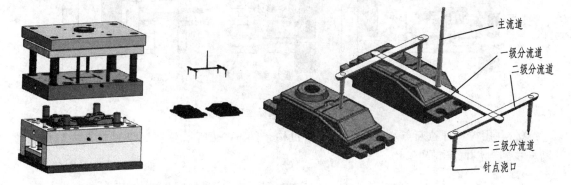

图 5-3-5 双分型面注塑模的结构　　　　图 5-3-6 点浇口浇注系统及产品

（2）潜伏式浇口　潜伏式浇口开在型芯一侧，开模时浇口自动切断，又称剪切浇口、隧道浇口，它是由点浇口变异而来的，具备点浇口的一切优点，应用广泛。如图 5-3-7 所示为潜伏式浇口。

潜伏式浇口一般为圆锥形截面，其尺寸设计可参考点浇口。潜伏式浇口的引导锥角应取 $10°\sim20°$，对硬质脆性塑料应取大值，反之取小值。潜伏式浇口的方向角越大，越容易拔出浇口凝料，一般取 $45°\sim60°$，对硬质脆性塑料取小值。推杆上的进料口宽度为 $0.8\sim2$ mm，具体数值应根据塑件的尺寸确定。

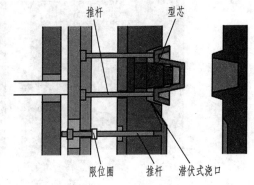

图 5-3-7 潜伏式浇口

采用潜伏式浇口的模具结构，可将双分型面模具简化成单分型面模具。潜伏式浇口由于浇口与型腔相连时有一定角度，形成了切断浇口的刃口，这一刃口在脱模或分型时形成的剪切力可将浇口自动切断，不过，对于较强韧的塑料则不宜采用。

（3）浇注系统的推出机构

① 利用定模推板的自动推出机构　图 5-3-8 所示为利用定模推板推出多型腔浇口浇注系统凝料的结构。图 5-3-8（a）为模具闭合注射状态；图 5-3-8（b）为模具打开状态。模具打开时，首先定模座板与定模推板分型，浇注系统凝料随动模部分一起移动，从主流道中拉出。当定模推板的运动受到限位钉的限制后停止运动，型腔板继续运动使得点浇口被拉断，并且凝料由型腔板中脱出，随后浇注系统凝料靠自重自动落下。

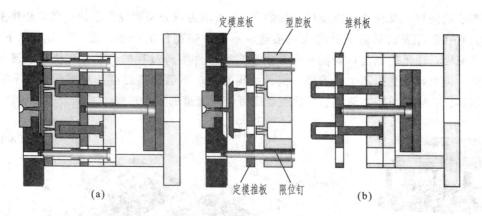

图 5-3-8　定模推板推出机构

② 利用拉料杆拉断点浇口凝料的推出机构　图 5-3-9 所示是利用设置在点浇口处的拉断杆拉断点浇口凝料的结构。

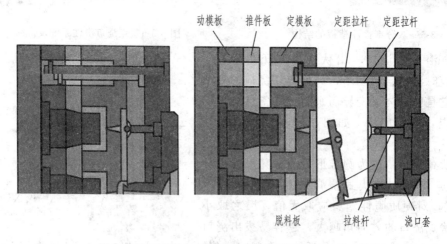

图 5-3-9　利用拉料杆拉断点浇口凝料的推出机构

③ 利用分流道斜孔拉断点浇口凝料的推出机构　图 5-3-10 所示为利用分流道末端的斜孔将点浇口拉断，并使点浇口凝料推出的结构。

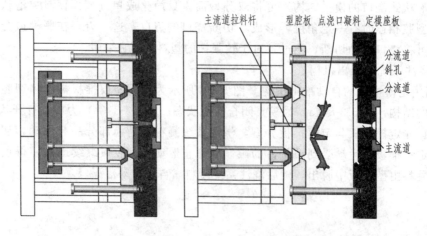

图 5-3-10　分流道斜孔拉断点浇口凝料的推出机构

3. 双分型面注塑模二次分型机构

双分型面注塑模的两个分型面分别用于取出塑件与浇注系统凝料，为此要控制两个分型面的打开顺序和打开距离，这就需要在模具上增加一些特殊结构。下面介绍常见的二次分型机构，根据这些结构的不同，可以将双分型面注塑模按结构分类，如摆钩式双分型面注塑模、弹簧式双分型面注塑模、滑块式双分型面注塑模等多种类型。

（1）摆钩式双分型机构　摆钩式双分型机构是利用摆钩机构控制双分型面注射分型面的打开顺序，如图 5-3-11 所示。在模具设计时，摆钩和压块要对称布置于模具两侧，摆钩拉住挡块的角度应取 1°～3°，在模具安装时，摆钩要水平放置，以保证摆钩在开模过程中动作可靠。开模时，在弹簧的作用下，使定模座板与模板分开，即第一分型面分型。当开模至一定距离后，由于拉杆的限制，模板停止分型，则被强制脱开圆柱销，而使第二分型面分型。

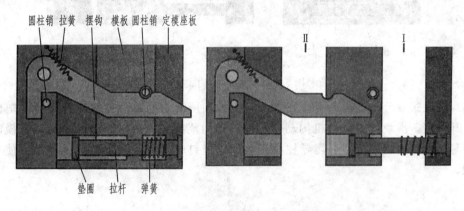

图 5-3-11　摆钩式双分型机构

（2）弹簧式双分型机构　弹簧式双分型机构是利用弹簧机构控制双分型面注塑模分型面的打开顺序。

① 弹簧-滚柱式机构　该机构结构简单，适用性强，已成为标准系列化产品，直接安装于模具外侧，如图 5-3-12 所示。开模时，拉杆在弹簧及滚柱的夹持下被锁紧，确保模具进行第一次分型。随后在定柱拉杆的作用下，拉杆强行脱离滚柱，模具进行第二次分型。

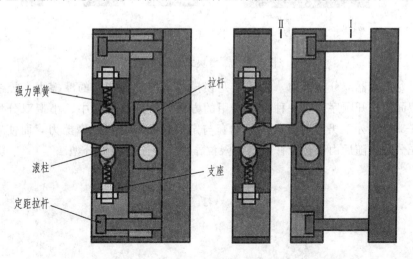

图 5-3-12　弹簧-滚柱式机构

② 弹簧-摆钩式机构　该机构利用摆钩与拉杆的锁紧力增大开模力，以控制分型面的打开顺序。此种机构适用性广，已成为标准系列化产品，直接安装于模具外侧，如图 5-3-13 所示。开模时，摆钩在弹簧的作用下钩住拉杆，因此确保模具进行第一次分型，随后在定距拉杆的作用下，拉杆强行脱离摆钩，模具进行第二次分型。

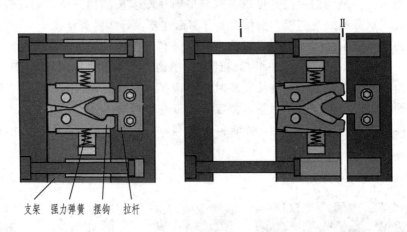

支架　强力弹簧　摆钩　拉杆

图 5-3-13　弹簧-摆钩式机构

（3）滑块式双分型机构　滑块式双分型机构利用滑块的移动控制双分型面注塑模分型面的打开顺序。滑块式双分型机构动作可靠，适用范围广。如图 5-3-14 所示，开模时，定模座板与定模型腔首先分型，当导柱拉杆拨动定位钉时导柱脱开定位钉的作用，使主分型面分型。

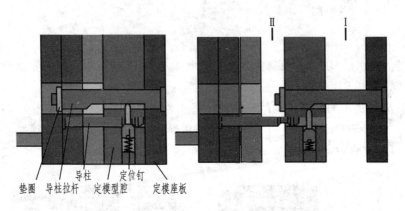

垫圈　导柱拉杆　定位钉　定模座板
导柱　定模型腔

图 5-3-14　滑块式双分机构

（4）尼龙锁模器双分型机构　采用尼龙锁模器与模具孔壁间的摩擦力，控制双分型面注塑模分型面的打开顺序，是一种方便实用的方法，特别适合于中、小型双分型面的注塑模。如图 5-3-15 所示。开模时，由于尼龙套与定模板孔壁之间的摩擦力，而使定模板与定模座板首先分型，随后由限位拉杆的定距限位作用，使主分型面分型。

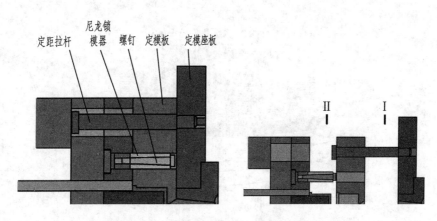

图 5-3-15 尼龙锁模器双分型机构

5.3.5 任务实施

用内六角扳手将止动螺钉旋出，然后将动、定模分开，最好用字钉做记号，用笔做记号很容易被擦除，并将分开后的动、定模放到工作台上，如图 5-3-16 所示。

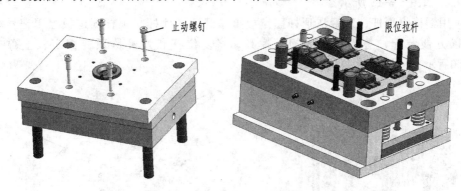

图 5-3-16 动、定模分开图

1. 动模部分的拆卸

动模部分拆卸顺序：紧固螺钉→动模座板→垫块→顶板上的紧固螺钉→顶板→顶杆→顶杆固定板→动模板→导柱→凸模。

（1）拆开动模座板长螺钉、短螺钉，用内六角扳手按对角卸下动模座板螺钉，卸下的螺钉放在工作台上盛放零部件的盆内，用铜棒将动模座板从动模上敲开，如图 5-3-17 所示。

（2）用内六角扳手拆开连接在动模座板上的无头螺钉、内六角头螺钉，把顶杆、压板、垃圾钉从动模座板上拆开，拉出顶杆、支撑柱，用铜棒把顶板导柱从动模座板敲出，手动将顶出系统和动模板分离开，如图 5-3-18 所示。

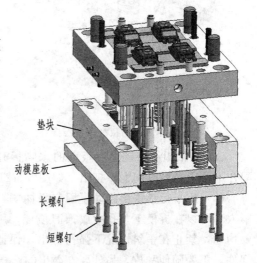

图 5-3-17 动模座板拆开

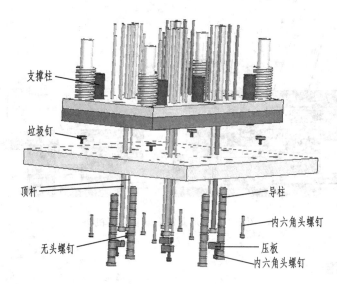

图 5-3-18　将顶杆、压板、垃圾钉、支撑柱从动模座板上拆开

（3）用内六角扳手将顶板与顶杆固定板上的螺钉拆开，用铜棒将顶板导套从顶杆固定板上敲开，如图 5-3-19 所示。

（4）用铜棒将顶杆、顶管从顶杆固定板上敲开，在顶杆与顶杆固定板上用记号笔做好标记，以方便装配，避免装错而损坏模具。将复位杆和弹簧从顶杆固定板上敲出，如图 5-3-20所示。

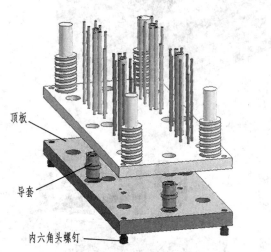

图 5-3-19　将顶板与顶杆固定板拆开

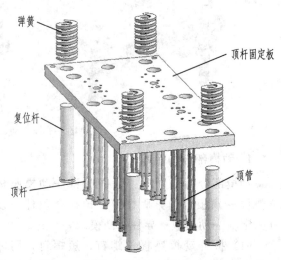

图 5-3-20　将顶杆、顶管从顶杆固定板上拆开

（5）用活扳手将动模座板上的水嘴拆开，用内六角扳手将尼龙锁模器拧出，导柱如果配合不太紧，可以用铜棒打出，如图 5-3-21 所示。

（6）用平行垫铁垫起动模固定板两侧，垫铁尽量靠近镶件外形边缘，由于凸模是沉孔镶入，可以在拆模工艺孔中放入旧顶杆，用铜棒击打顶杆从而打出凸模，凸模各处受力点要均匀，禁止在歪斜情况下强行打出，保证凸模和固定板完好不变形。凸模属于高精度零部件，不要随便乱放，另外要在敲出的凸模和动模板上做好记号，如图 5-3-22 所示。

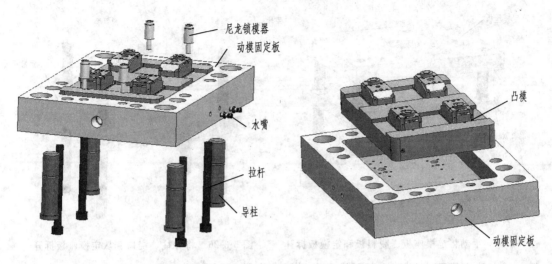

图 5-3-21 将水嘴、尼龙锁模器、导柱从动模座板上拆开　　　图 5-3-22 将凸模从动模固定板拆开

（7）用铜棒击打旧顶杆，将动模镶件从凸模中敲出，取出的镶件必须做好记号，用内六角扳手拧开水路堵头，如图 5-3-23 所示。至此动模部分全部拆卸完毕。

2. 定模部分的拆卸

定模部分拆卸顺序：定位圈紧固螺钉→定位圈→定模座板上的紧固螺钉→定模座板→定模板→浇口套→导套。

（1）将定模座板上的水嘴拆开，再用内六角扳手拆卸定位圈紧固螺钉、固定拉料杆的无头螺钉，将定位圈、拉料杆拆开，如图 5-3-24 所示。

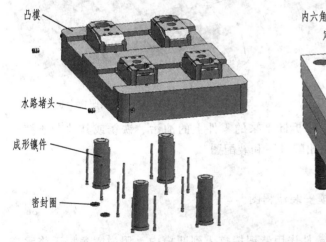

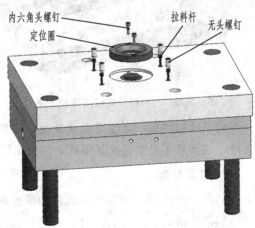

图 5-3-23 将动模镶件从凸模中拆开　　　图 5-3-24 将定位圈、拉料杆从定模座板上拆开

（2）手动将定模座板、脱料板和定模板分开，如图 5-3-25 所示。

（3）由于浇口套与定模座板通常是采用过盈配合，在取出时极易把浇口套打变形，因此，禁止用锤和铜棒直接击打浇口套，应选用直径合适而且头部已经车平的紫铜棒作为冲击杆，使其对准浇口套的出胶位部分，用锤或大铜棒击打冲击杆，进而打出浇口套。将连接在定模板上的浇口套用铜棒冲出，再用紫铜棒将导柱敲出，如图 5-3-26 所示。

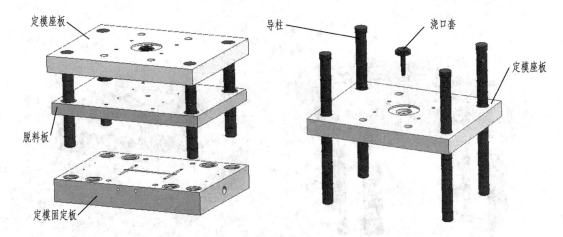

图 5-3-25　手动将定模座板、脱料板和定模板拆开　　　图 5-3-26　将导柱、浇口套从定模座板拆开

（4）从定模固定板上敲出凹模，凹模属于高精度零部件，不要随便乱放，在敲出的凹模和定模固定板上做好记号，如图 5-3-27 所示。

（5）将凹模镶件从凹模上敲出，取出的镶件必须做好记号，用内六角扳手拧出水路堵头，如图 5-3-28 所示。至此定模部分拆卸完毕。

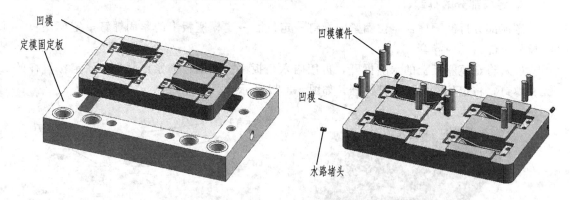

图 5-3-27　将凹模从定模固定板上拆开　　　图 5-3-28　将凹模镶件从凹模上拆开

模具拆卸完毕，要用煤油或柴油，将拆卸下来的零件上的油污、铁锈或其他杂质擦拭干净，用测量工具测量模具零件，绘制出零件图和装配图。

3. 模具装配

如图 5-3-29 所示为双分型面注塑模安装流程图。

（1）定模安装

① 定模固定板组件安装　将凹模镶件先用紫铜棒打入到凹模内，用内六角扳手将水道堵头拧入凹模，再装入定模板与凹模之间的冷却水道上的密封圈，必要时更换密封圈，安装凹模时为了防止密封圈跳起或错位，可在密封圈边缘处涂少量 502 胶水；然后将凹模压入到定模固定板内，压入过程中要不断校验垂直度，以免损坏凹模镶件和凹模，再装入凹模紧固螺钉并拧紧；用紫铜棒将导套打入定模板内，导套在装入时要注意原来拆装时做的记号，以免装错位置；再安装冷却水嘴，螺纹部位包裹密封带（生料带），并且装入动模冷却水道螺纹孔内，保证密封可靠，不漏水，如图 5-3-30 所示。

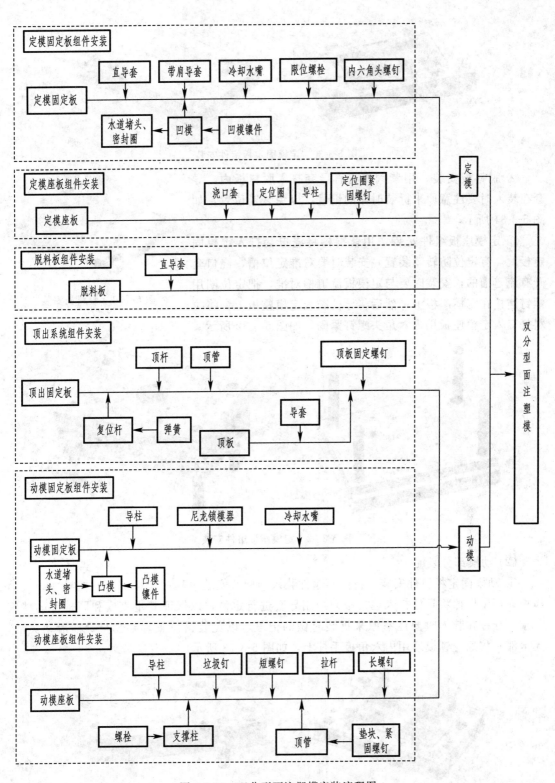

图 5-3-29　双分型面注塑模安装流程图

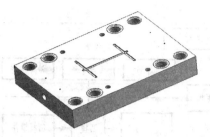

图 5-3-30　定模固定板组件安装

② 脱料板安装　用紫铜棒将直导套打入脱料板内，导套在装入时要注意原来拆装时做的记号，以免装错位置，如图 5-3-31 所示。

③ 定模座板组件安装　用紫铜棒将浇口套打入定模固定板上，有定位防转动装置，安装时要对准定位槽，浇口套开有流道槽的，安装时要与定模板流道槽对准，把定位圈用螺钉连接在定模座板上；然后将导柱敲入定模座板上，将拉料杆套入定模座板用内六角头螺钉紧固，如图 5-3-32 所示。

图 5-3-31　脱料板安装

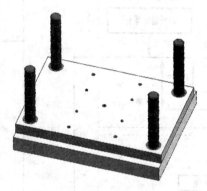

图 5-3-32　定模座板组件安装

（2）动模部分装配

① 动模固定板组件安装　将凸模镶件装入凸模，安装过程同定模部分，把导柱装入动模板；用紫铜棒将导柱打入定模板内，用导套进行定位，以保证其垂直度和同轴度的精度要求；导柱在装入时要注意原来拆装时做的记号，以免装错位置，导套与导柱滑动灵活，无卡滞；将尼龙锁模器用内六角扳手拧上，如图 5-3-33 所示。

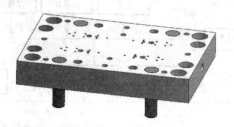

图 5-3-33　动模固定板组件安装

② 顶出系统组件安装 将顶出系统的小导套装入顶板，由于顶杆、顶管与固定板呈过孔装配，把顶杆、顶管、复位杆穿入顶杆固定板，合上顶板，按对角拧紧螺钉，套上复位弹簧，敲击复位杆观察复位杆是否有卡滞现象，将支撑柱套入顶板孔内，装入顶杆时，要注意标记，以防装错损坏模具，如图 5-3-34 所示。

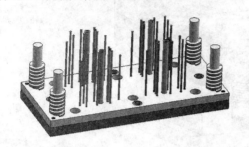

图 5-3-34 顶出系统组件安装

③ 动模座板组件安装 将拉杆套入动模板过孔内，将支撑板（垫板）、顶杆固定板、顶板与定模板的基面对齐，将两件垫块对正放入，合上动模座板，插入顶出板导柱，把动模座板、垫板、支撑板、动模板用螺钉紧固连接。将支撑柱用螺钉紧固在动模座板上，再将顶杆套入顶管内，用无头螺钉、压板、内六角头螺钉将顶杆固定在动模座板上，用铜棒打击顶板，保证顶出平稳、灵活，无卡滞现象，然后底面朝下，平放模具，使顶出系统能够自动复位，或轻打复位杆使其顺利复位。安装冷却水嘴，螺纹部位包裹密封带（生料带），并且装入动模冷却水道螺纹孔内，保证密封可靠，不漏水，如图 5-3-35 所示。

图 5-3-35 动模座板组件安装

4. 动、定模合模

动模在下，定模在上，按标记把动、定模合模，保证导套导柱顺利滑动，无卡滞现象，在合模过程中，切记方向务必正确，不然会压坏模具。若不能顺利装入，可以通过研磨修配等方法解决，直到能顺利装配。将零件滑动表面擦拭干净然后上油，按记号方向将模具合拢，沿四周敲击合模，如图 5-3-36 所示。

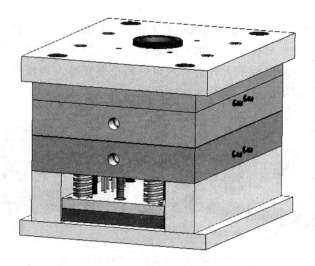

图 5-3-36　动、定模合模

5.3.6　评价标准

双分型面注塑模拆装评价标准见表 5-3-1。

表 5-3-1　双分型面注塑模拆装实习记录及成绩评定表

班级：_____　　姓名：_____　　学号：_____　　成绩：_____

序号	技 术 要 求	配分	评分标准	实测记录	得分
1	准备工作充分	10	每缺一项扣 2 分		
2	定、动模的正确拆卸	15	测试		
3	零件正确、规范的安放	15	总体评定		
4	拆卸过程安排合理	10	总体评定		
5	装配过程安排合理	10	总体评定		
6	动、定模的正确安装	20	测试		
7	工具的合理及准确使用	5	总体评定		
8	绘制模具总装草图	10	每错一处扣 1 分		
9	安全文明生产	5	违者每次扣 2 分		
10	工时定额 2 h		每超 1 h 扣 5 分		
11	现场记录				

5.3.7　归纳总结

1. 通过对本节的学习，对双分型面注塑模有了基本的认识，双分型面有两个或两个以上分型面，为控制几个分型面打开的先后顺序，应该设置开模控制机构。

2. 拆卸和装配模具时，先仔细观察模具，务必搞清楚模具零部件的相互关系和紧固方法，并按钳工的基本操作方法进行拆装，以免损坏模具零件。

3. 拆卸过程中，各零件及相对位置应做好标记。

4. 准确使用拆卸工具，拆卸配合时要分别采用拍打、压出等不同方法对待不同的配合关系的零件，不可拆卸的零件和不宜拆卸的零件不要拆卸。

5. 按拟定的顺序将全部模具零件装回原来位置。注意正反方向，防止漏装，遇到零件受损不能进行装配的情况时，应在老师的指导下学习用工具修复受损零件后再装配。

6. 装配后检查，观察装配后模具是否与拆卸前一致，检查是否有错装和漏装等现象。

思 考 练 习

1. 注塑模有哪几部分？

2. 简述注塑模具顶出装置的结构形式及应用场合。

3. 简述斜导柱侧向分型抽芯机构的组成，锁紧块的作用是什么？其楔角为什么应大于斜导柱的倾斜角？

4. 简述双分型面注塑模的结构特点，常见的二次分型机构有哪些？

注塑模的安装与调试

1. 掌握注塑模具安装要求、准备工作及正确的安装步骤,具备将模具安装于注塑机上的技能,具备注塑机的调节技能。

2. 掌握注塑模的试模和各类注塑模的调整方法,培养分析问题与解决问题的能力。

本章主要学习注塑模具在注射机上安装及调试方面的知识,安装的正确与否对人身安全、模具的使用寿命、产品的质量都有很大的影响。

注塑模种类较多,即使同一类模具,由于成形塑料种类不同,精度要求不同,装配方法也不尽相同。因此在安装与试模前应熟悉注塑模的结构特点及工作原理,掌握所加工零件的形状、尺寸精度和技术要求,掌握工艺流程和各工序要点,确定安装基准,清理模板平面及模具安装面上的油污与杂物,保持清洁,检查注塑模的表面质量,检查动模与定模配合面有无变形和裂纹等缺陷,检查注射机锁模机构、顶出装置是否正常,校正喷嘴与浇口套的位置及弧面接触情况,检查冷却水路及电加热器是否完好。

6.1 注塑模安装

6.1.1 任务描述

如图 6-1-1 所示为注塑模具安装位置简图。

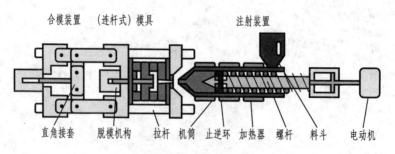

图 6-1-1 注塑模具安装位置简图

6.1.2 任务分析

模具的安装是指将模具从制造地点装配完成后运到注塑车间，并安装在指定注射机上的全过程。注塑模具装配完成后，在调试或使用时必须安装在机器上才能进行调试或生产，安装过程中，应遵守"确保操作者人身安全，确保模具和设备在调试中不受损坏"的原则。本节将介绍注射模具的安装方法，首先以一个小型注射模的安装来进行操作训练。以卧式注塑机为例，说明其模具的安装方法及安装程序。

6.1.3 任务准备

1. 选择模具

选用海天牌天翔系列注塑机安装单分型面、侧向分型抽芯、双分型面注塑模。

2. 安装工具

内六角扳手、12 in（约 305 mm）活扳手、旋具、紧固螺栓、压板、垫块、铜棒、锤子、纸板、铜片、盛物容器等。

3. 安装用量具

百分表、磁力表座、塞尺、直角尺等。

4. 实训准备

（1）小组人员分工　同组人员对安装、观察、注塑、调试等分工负责。

（2）工具准备　领用并清点安装所用的工量具，了解工量具的使用方法及使用要求。实训结束时按清单清点工量具，交指导教师验收。

（3）熟悉实训要求　要求复习有关理论知识，详细阅读本指导书，对所要求的内容在实训过程中做详细的记录。

6.1.4 相关工艺知识

1. 注塑模的安装要求（见表 6-1-1）

表 6-1-1　注塑模的安装要求

项 号	项 目	安装要求	检查方法
1	注塑机的选用	1. 注塑机台的最大射出量 2. 拉杆内距是否放得下模具 3. 活动模板最大的移动行程是否符合要求 4. 其他相关试模用工具及配件是否准备齐全	要先了解将要生产的制品的外形以及尺寸要求等，最好能取得模具的设计图，详细研究后，选择合适的试模注塑机，再安装注塑模

项　号	项　目	安　装　要　求	检查方法
2	注塑机工作台面	先在工作台上检查其机械配合动作，要注意有否刮伤、缺件及松动等现象，横向滑板动作是否确实，水道及气管接头有无泄漏，模具的开程若有限制的话也应在模上标明。检查工作台和机器周边的5S工作（整理、整顿、清扫、清洁、素养）是否完成，有无其他无关物品	目测、用毛刷与棉纱擦干净
3	注塑模的吊装、紧固	1. 对于小型模具，一般采用整体吊装；对于大中型模具，可采用分体吊装 2. 用螺钉直接固定或用螺钉、压板固定	注意起吊的平衡。根据模具的大小，选择合理的固定方式，螺栓压紧点分布要合理
4	调整注射机的动作满足模具的要求	模具装妥后应再仔细检查模具各部分的机械动作，如滑板、顶针、退牙结构及限制开关等的动作是否确实	注意合模动作，此时应将合模压力调低，在手动及低速的合模动作中注意看及听是否有任何不顺畅动作及异声等现象
5	模具浇口与射嘴的校中心	模具浇口与射嘴中心应校准	通常可以采用试纸的方式调校中心

2. 注塑机的选用

（1）注塑机的分类　注塑机根据塑化方式分为柱塞式注塑机和螺杆式注塑机；按机器的传动方式可分为液压式、机械式和液压-机械（连杆）式注塑机；按操作方式分为自动、半自动、手动注塑机。

按照注射装置和锁模装置的排列方式，可分为立式、卧式、角式注塑机。

① 卧式注塑机　其注射装置和锁模装置处于同一水平中心线上，且模具是沿水平方向打开的。其特点有：机身低，对于安置的厂房无高度限制，易于操作和维修；机器重心低，安装较平稳；制品顶出后可利用重力作用自动落下，多台并列排列下，成形品容易由输送带收集包装，易于实现全自动操作。目前，市场上的注塑机多采用此种型式，如图6-1-2所示。

② 立式注塑机　其注射装置和锁模装置处于同一垂直中心线上，且模具是沿上下方向开闭。其特点有：占地面积只约有卧式机的一半，因此，换算成占地面积生产性约有两倍左右；容易安放嵌件，装卸模具较方便，自料斗落入的物料能较均匀地进行塑化；模具的重量由水平模板支撑进行上下开闭动作，不会发生类似卧式机的由于模具重力引起的前倒，使得模板无法开闭的现象；有利于持久性保持机械和模具的精度；通过简单的机

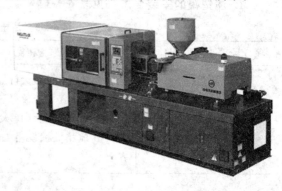

图 6-1-2　卧式注塑机

械手可取出各个塑件型腔，有利于精密成形。立式注塑机宜用于小型注塑机，如图 6-1-3 所示。

③ 角式注塑机　其注射螺杆的轴线与合模机构模板的运动轴线相互垂直排列，其优缺点介于立式与卧式之间。因其注射方向和模具分型面在同一平面上，所以角式注塑机适用于开设侧浇口的非对称几何形状的模具或成形中心不允许留有浇口痕迹的制品。角式注塑机外形如图 6-1-4 所示。

图 6-1-3　立式注塑机　　　　　　　　　图 6-1-4　角式注塑机

（2）注塑机的结构　注射成形的基本要求是塑化、注射和成形。塑化是实现和保证成形制品质量的前提，而为满足成形的要求，注射必须保证有足够的压力和速度。同时，由于注射压力很高，相应地在模腔中产生很高的压力，因此必须有足够大的合模力。由此可见，注射装置和合模装置是注塑机的关键部件。

注塑机通常由注射系统、合模系统、液压传动系统、电气控制系统、润滑系统、加热及冷却系统、安全监测系统等组成，如图 6-1-5 所示。

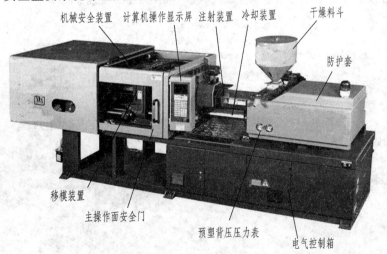

图 6-1-5　注塑机的组成

① 注射系统：

· 注射系统的作用：注射系统是注塑机最主要的组成部分之一，一般有柱塞式、螺杆式、螺杆预塑柱塞注射式三种主要形式，目前应用最广泛的是螺杆式。其作用是在注塑机的一个循环中，能在规定的时间内将一定数量的塑料加热塑化后，在一定的压力和速度下，通过螺杆将熔融塑料注入模具型腔中。注射结束后，对注射到模腔中的熔料保持定型。

· 注射系统的组成：注射系统由塑化装置和动力传递装置等组成，如图 6-1-6 所示。

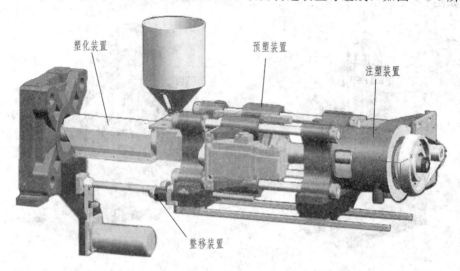

图 6-1-6　注射系统的组成

② 合模系统：

· 合模系统的作用：合模系统的作用是保证模具闭合、开启及顶出制品。同时，在模具闭合后，给予模具足够的锁模力，以抵抗熔融塑料进入模腔产生的模腔压力，防止模具开缝，造成制品的不良现状。

· 合模系统的组成：合模系统主要由合模装置、调模机构、顶出机构、前后固定模板、移动模板、合模液压缸和安全保护机构等组成，如图 6-1-7 所示。

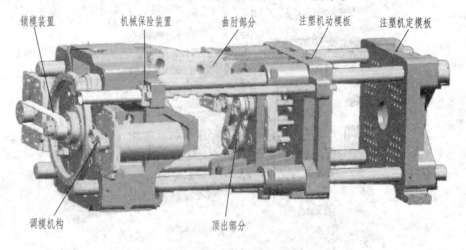

图 6-1-7　合模系统的组成

③ 液压系统：液压传动系统的作用是保证为注塑机按工艺过程所要求的各种动作提供动力，并满足注塑机各部分所需压力、速度、温度等的要求。如图 6-1-8 所示，它主要由各种液压元件和液压辅助元件所组成，其中油泵和电动机是注塑机的动力来源。各种阀控制油液压力和流量，从而满足注射成形工艺各项要求。

图 6-1-8　液压系统

④ 电气控制系统：电气控制系统与液压系统合理配合，可实现注射机的工艺过程要求（压力、温度、速度、时间）和各种程序动作。它主要由电器、电子元件、仪表、加热器、传感器等组成。一般有四种控制方式：手动、半自动、全自动、调整。电气控制系统外形如图 6-1-9 所示。

⑤ 加热/冷却系统：加热系统是用来加热料筒及注射喷嘴的，注塑机料筒一般采用电热圈作为加热装置，安装在料筒的外部，并用热电偶分段检测。热量通过筒壁导热为物料塑化提供热源。冷却系统主要是用来冷却油温，油温过高会引起多种故障出现，所以油温必须加以控制。另一处需要冷却的位置在料管下料口附近，防止原料在下料口熔化，导致原料不能正常下料。加热/冷却系统如图 6-1-10 所示。

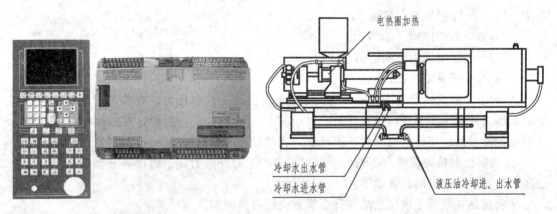

图 6-1-9　电气控制系统　　　　　图 6-1-10　加热/冷却系统

⑥ 润滑系统：润滑系统是为注塑机的动模板、调模装置、连杆机铰等有相对运动的部位提供润滑条件的回路，以便减少能耗和提高零件寿命，润滑可以是定期的手动润滑，也可以是自动电动润滑，如图 6-1-11 所示。

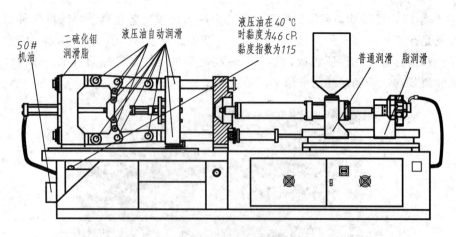

图 6-1-11　润滑系统

⑦ 安全保护与监测系统：注塑机的安全装置主要是用来保护人、机安全的装置，主要由安全门、液压阀、限位开关、光电检测元件等组成，实现电气-机械-液压的联锁保护。

监测系统主要对注塑机的油温、料温、系统超载，以及工艺和设备故障进行监测，发现异常情况进行指示或报警。

（3）注塑机的选择　通常影响注塑机选择的重要因素包括模具、产品、塑料、成形要求等，因此，在进行选择前必须先收集以下信息：模具尺寸（宽度、高度、厚度）、重量、特殊设计等；使用塑料的种类及数量（单一原料或多种塑料）；注塑成品的外观尺寸（长、宽、高、厚度）、重量等；成形要求，如品质条件、生产速度等。

在获得以上信息后，即可按照下列步骤来选择合适的注塑机：

① 在一个成形周期内充模所需要的塑料熔体的容积为注射机额定注射量的 80% 以内，即

$$nV_件 + V_浇 \leqslant 0.8V_注$$

式中　$V_注$——注射机额定容量（cm^3）；

　　　$V_件$——制件体积（cm^3）；

　　　$V_浇$——主流道和分流道的总体积（cm^3）；

　　　n——模具型腔数目。

② 选用注射机的最大注射压力应大于成形时需用的注射压力。有些工程塑料需要较高的射出压力及合适的螺杆压缩比设计，才有较好的成形效果，因此，在选择螺杆时也需考虑射压的需求及压缩比的问题。一般而言，直径较小的螺杆可提供较高的射出压力。

③ 选用注射机的锁模力必须大于型腔压力产生的开模力，否则模具分型面会分开而产生溢料。锁模力需求的计算如下：

· 由成品外观尺寸求出成品在开合模方向的投影面积。

· $F_锁 \geqslant qA_分$。

式中　$F_锁$——注射机的额定锁模力（N）；

　　　$A_分$——塑件及浇注系统在分型面上的总投影面积（mm^2）；

　　　q——型腔内塑料熔体的平均压力（MPa）。

· 模内压力随原料不同而不同，一般原料取 35～40 MPa。

· 机器锁模力需大于胀模力，且为了保险起见，机器锁模力通常需大于胀模力的 1.17 倍以上，如图 6-1-12 所示。

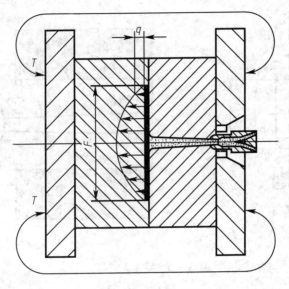

图 6-1-12 胀模力与锁模力

（4）模具最大外形尺寸安装时应能穿过拉杆空间，不受拉杆间距的影响，如图 6-1-13 所示。

① 模具的宽度及高度需小于或至少有一边小于拉杆内距。

② 模具的宽度及高度最好在模盘尺寸范围内。

③ 模具的厚度需介于注塑机的模厚之间。

④ 模具的宽度及高度需符合该注塑机建议的最小模具尺寸，太小也不行。

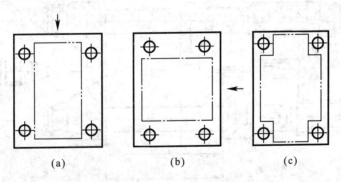

    (a)   (b)   (c)

图 6-1-13 模具模板尺寸与注射机拉杆间距的关系

（5）模具安装用的定位尺寸应与机床定位孔尺寸相对应，两者按 H9/f9 配合，保证模具主流道轴线与注射机喷嘴轴线重合；定位圈高度 h，小型模具取 8～10 mm，大型模具取 10～15 mm，如图 6-1-14 所示。

（6）模具的模板各安装孔一定要与注射机动、定模固定板上的安装孔的直径和位置相适应。

（7）机床喷嘴孔径和球面直径一定要与模具进料孔相对应，主流道小端孔径应较喷嘴前端孔径略小。浇口套球面半径 SR 和喷嘴前端球面半径 SR_0、喷嘴孔径 d_0 和浇口套小端孔径 d 正确关系为：$d = d_0 + (0.5 \sim 1)$ mm，$SR = SR_0 + (1 \sim 2)$ mm，如图 6-1-15 所示。

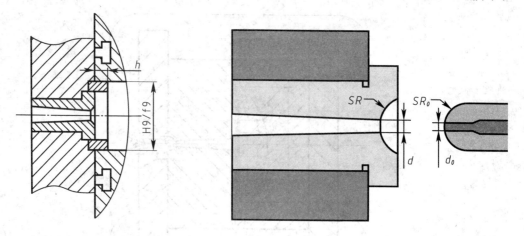

图 6-1-14　定位尺寸与机床定位孔尺寸相对应　　　图 6-1-15　机床喷嘴孔径和球面直径对应

（8）模具轮廓尺寸与注射机装模空间的关系如下：

$$H_{\min} \leqslant H \leqslant H_{\max}$$

$$H_{\max} = H_{\min} + L$$

式中　　H——模具的闭合高度；

　　$H_{\min}$——注射机最小闭合高度；

　　$H_{\max}$——注射机最大闭合高度；

　　L——螺杆可调长度，如图 6-1-16 所示。

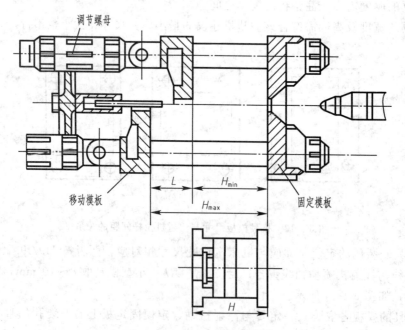

图 6-1-16　模具闭合厚度与注射机允许模具厚度的关系

（9）注射机的开模行程应大于脱模取出塑件所需的开模距离。应满足：

① 开模行程至少需大于制品在开合模方向高度两倍，且需含竖浇道的长度。

② 托模行程需足够将成品顶出。

3. 注塑机安全操作规程

注塑机是一种高压、快速动作、同时又有高温运作的机器，往往会使操作者一时疏忽，在大意之下造成无法弥补的人身伤害。注塑机在每一步操作中都带有危险性，特别是当开模及锁模时。为避免危险发生，操作者在操作时必须注意以下几个安全操作方面的问题：

（1）保持注塑机及其周围环境清洁。

（2）注塑机四周空间尽量保持畅通无阻，加过润滑油或压力油后，应尽快把漏出的油抹去。

（3）把料筒上的杂物（例如胶粒）清理干净后才可开启电热，以免发生火灾。如非检修机器，不得随意拆掉料筒上的隔热防护罩。

（4）检查在操作时按下紧急按钮或者打开安全门是否能终止锁模。

（5）注射机台前移时，不可用手清除从射嘴漏出的熔胶，以免把手夹在射台和模具中间。

（6）清理料筒时，应把射嘴温度调到最适当的较高温度，使射嘴保持畅通，然后使用较低的射胶压力和速度清除筒内余下的胶料，清理时不可用手直接接触刚射出的胶料，以免被烫伤。

（7）避免把热敏性及腐蚀性塑料留在料筒内太久，应遵守塑料供应商所提供的停机及清机方法。更换塑料时要确保新旧塑料的混合不会产生化学反应（例如 POM 和 PVC 先后混合加热会产生毒气），否则须用其他塑料清除料筒内的旧料。

（8）操作注塑机之前须检查模具是否稳固地安装在注塑机的动模板及头板上。

（9）注意注塑机的地线及其他接线是否接驳稳妥。

（10）不要为了提高生产速度而取消安全门或安全门开关。

（11）安装模具时必须将吊环完全旋入模具吊孔才可吊起。模具装好后应根据模具的大小调整注塑机安全杆的长度，做到安全门打开时机器安全挡块（机械锁）落下能够阻挡注塑机锁模。

（12）在正常的注塑生产过程中严禁操作者不打开安全门，由注塑机的上方或下方取出注塑件。检修模具或暂不生产时应及时关掉注塑机的油泵电动机。

（13）操作注塑机时，能够一人操作的，不允许多人操作。禁止一人操作控制面板的同时，另一人调整模具或作其他操作。

4. 模具在注射机上的固定方法

注射模具动模固定板和定模固定板要分别安装在注射机动模板和定模板上，模具在注塑机上的固定方法有两种：

（1）用螺钉直接固定。模具固定板与注射机模板上的螺孔完全吻合。这种方法适用于质量较大的大型模具，直接固定较为安全，如图 6-1-17 所示。

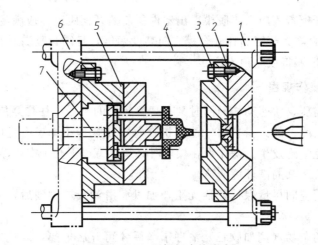

图 6-1-17　用螺钉直接固定

1—注塑机定模固定板；2—定模；3—螺钉；4—注塑机拉杆；
5—动模；6—注塑机动模固定板；7—定板注塑机顶杆

（2）用螺钉、压板固定。这种方法具有较大的灵活性，在模具固定板需安放压板的位置外侧附近有螺孔就能固定，如图 6-1-18 所示。

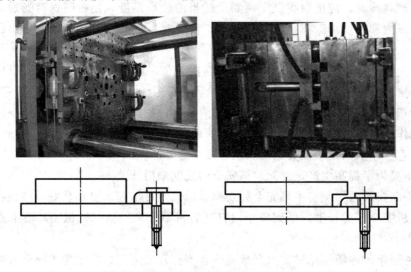

图 6-1-18　螺钉与压板固定模具的形式

5. 模具的吊装

模具的吊装可根据现场的实际吊装条件确定是采用整体吊装还是分体吊装。

一般模具吊装需要 2～3 人，大型模具吊装时需要 4～6 人。现场操作时，最好选一名具有吊装经验的人员做现场总指挥。通常在吊装设备允许的条件下，尽量将模具整体起吊，如果起重设备受限制，也可进行分体吊装。

（1）模具的整体吊装。将模具动、定模一起吊入注塑机拉杆内调整方向，使定模侧定位环进入设备同侧的定位孔内，模具水平放正后慢速闭合设备模板，用压板或螺钉将动、定模两侧压紧。压紧板根据模具的大小，可以有 4～8 块。压紧板的调节螺钉高度必须与模脚同高，以保证压紧板能够压紧模脚。检查模具平行度、垂直度，托架的牢固程度，调整料筒和模具中心孔的同轴度。初步固定后，可慢速微量开启动模 3～5 次，确认模具在开启过程中平稳、灵活，无卡住现象。这样可将模板最后压死。

（2）模具的分体吊装。先将定模部分吊入设备拉杆内，用定位圈将其定位，螺钉（压板）将模板压紧。然后将动模部分吊入，依靠模具的导柱将动模部分定位并与定模部分闭合，注塑机动模板要以微量前推，完全闭合后，用螺钉（压板）将两侧把紧。

（3）模具的吊装方式。将模具从设备上吊进注塑机拉杆的模板中间。如果模具水平方向尺寸大于拉杆间水平距离，可采用从注塑机拉杆侧面滑进的方法，这种方法比较适合中小型模具。另一种方式是：将模具长方向平行于注塑机拉杆轴线方向（模厚小于拉杆水平距离），吊入拉杆间后，水平转 90°角，即可将模具定位环与设备定位孔相定位，然后把紧模板。当然，这时模板短方向尺寸必须小于拉杆垂直方向的距离。

6. 注塑模具的拆卸

（1）拆卸模具前，应先将动、定模闭合，必要时还应将动、定模紧固。

（2）使用起重机（行吊）将模具吊住防止模具下坠，注意力度适中，避免行吊力量过大造成设备伤害。调整行吊位置，保证行吊及模具平稳，防止模具卸力后倾斜甩动。

（3）先停机断电，然后再松卸螺栓。

（4）将螺栓、螺母、垫铁、压板统一放置至规定区域，清点数量无误后方可开模。

（5）使用液压夹具的设备，在拆卸模具前须检查压缩气管是否连接通畅，控制器闭锁开关是否打到对应状态。拆卸时应动、定模板同时卸压。当完全卸压后，红色指示灯亮，将夹具脱开模板范围并确定无误后，方可开模。

（6）其他可照安装搬运要求进行。

6.1.5 任务实施

1. 安装前的准备

（1）注塑机工作状态检查：安装模具之前，必须对注塑机进行全面的检查，保证注塑机处于正常工作状态。再清除模板与模具配合表面上的一切灰尘污物，选择好固定模板的紧固件。

（2）模具预检：在模具安装之前，根据图样对模具进行比较全面的检查，以便及时发现问题进行修模，免得装上后再拆下来。当模具固定模板和运动模板分开检查时，要注意方向记号，以免合拢时搞错，对于模具的运动部分，必须检查是否清洁或有异物落入，以免损伤模具。

（3）将安装所用的标准件，工、夹、量具分门别类，放在工作台上的显眼处。

2. 模具安装

（1）调整注射机闭模厚度。闭模时，应将设备操纵台上的状态开关拧到"点动"位置，起动机床后，按下"闭模"按钮，进行点动闭模。将动、定模板间的距离调整到比模具厚度大 1～2 mm。调整之后，准备模具装机，如图 6-1-19 所示。

（2）模具吊装。模具吊装时必须注意安全，人员（一般为 2～3 人）之间要配合密切，模具尽可能整体安装，若模具设有侧向移动机构，一般应使滑块在水平位置。

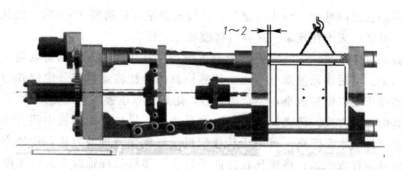

图 6-1-19　调整注射机闭模厚度

用吊装设备或工具，将模具吊装到注射机动、定模板之间的拉杆位置，将模具缓慢放入拉杆之间的支撑模板上，然后将模具定位圈送入注射机定模板的中心孔内，对模具定位。点动"闭模"按钮，直到注射机动模板刚好压到模具的位置时停止，如图 6-1-20 所示。

（3）模具紧固。取走木板，调整模具位置，找正固定模具的螺钉孔位。继续调整螺母，点动"闭模"按钮，将模具压紧。用压板固定模具，压板分布应均匀，螺栓压紧点分布要合理，螺母加力时要对角线同时拧紧，并逐步增加拧紧力。固定模具时，应先固定动模座板，后固定定模。压板的数量根据模具的大小进行选择，一般为 4～8 块，螺栓长度在 25～30 mm，如图 6-1-21 所示。

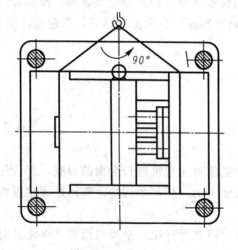

图 6-1-20　模具吊装

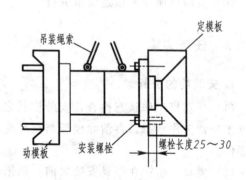

图 6-1-21　模具紧固

3. 调整注射机的动作满足模具的要求

（1）调节锁模机构，控制闭模松紧度。闭模的松紧度既要防止制品的溢边，又能保证型腔适当的排气。对于目前常规的锁模机构，闭模松紧度主要凭目测和经验。一般情况下，在模具被紧固后再开模，利用调模装置，再调小模板，开挡 0.5 mm 左右，然后进行开合模，并试验成形，制品如有飞边，则可用微调装置逐渐将开挡调小。但是，在满足成形制品要求的情况下，不要过分预紧模具，对于需要加热的模具，应在模具达到规定温度后再校正合模松紧度。

（2）低压保护调节。在初步完成锁模预紧力调整之后，为确保模具的工作安全，必须进行低压保护作用的调节，首先将液压系统的压力调至可以移动模板的最低压力，根据制品的需要，调节行程开关的位置，选定低压保护的起始点，然后在低压保护作用下，以极慢的速度进行闭模，并调节另一行程开关的位置，使模具接触前 0.2～0.5 mm 位置时，低压保护结束。在调节低压保护时，要进行反复的试验，做到灵敏、可靠。

（3）调节顶出装置，对顶出距离和顶出次数进行调节。模具紧固后，慢速开模，将顶杆的位置调节到模具上的顶出板，和动模底板之间尚有不小于 5 cm 的间隙，既能顶出制件，又能防止模具损坏。顶出次数可以是一次顶出，也可以是多次顶出。根据制品的需要，可以在操作面板上选择，如图 6-1-22 所示。

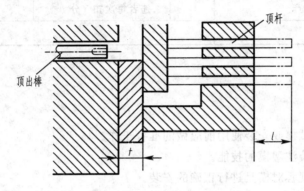

图 6-1-22　调节顶出装置

（4）接通冷却水管或加热线路。冷却水路要畅通、无泄漏；电加热应接通，要有调温、控温装置，动作灵敏可靠。

4. 空运转试验

（1）检查熔料入料口衬套与模板定位孔及定位圈的装配位置是否正确。

（2）检查导柱与导向套的合模定位是否正确，滑动配合状态应轻快自如。

观察各部件正常，就可以进行试模。

6.1.6　评价标准

注塑模安装评价标准见表 6-1-2。

表 6-1-2　注塑模在注塑机上安装的成绩评定表

班级：_____　　姓名：_____　　学号：_____　　成绩：_____

序号	项目与技术要求	配分	评定方法	实测记录	得分
1	准备工作充分	5	检查评定		
2	检查模具与注塑机的技术状态	5	明确检查要求，能处理出现的不良情况		
3	吊装模具	10	熟练、安全操作		
4	调整模具的松紧程度	15	熟练、安全操作		
5	调节锁模机构	15	熟练、安全操作		

序号	项目与技术要求	配分	评定方法	实测记录	得分
6	调节顶出机构	15	熟练、安全操作		
7	校正注塑机喷嘴与浇口套的位置及两者的接触情况	15	熟练、安全操作		
8	接通冷却水路及空运转	10	熟练、安全操作		
9	安全文明生产	10	违者每次扣 5 分		
10	现场记录				

6.1.7　归纳总结

1. 理解模具在试模或安装使用前应做的准备工作。
2. 熟练运用吊装注塑模的技能。
3. 严格按操作规程对模具进行正确的安装。
4. 重点掌握安装时各个机构和装置的调整，务必协调可靠。

6.2　注塑模调试

6.2.1　任务描述

　　注塑模安装后，必须要通过试模对制件的质量和模具的性能进行综合考查与检测。对试模中出现的各种问题应进行全面、认真的分析，找出其产生的原因，并确定合理的注塑工艺条件和客户接受的质量标准（签样板），确保投产后顺利生产，降低生产过程中的料耗和不良率，提高效率，减少机位人手。

6.2.2　任务分析

　　试模工作内容如下：
　　（1）找出注塑模具存在的问题（脱模情况、冷却效果、注塑的难易、质量状况、所需人手等方面），提出修改模具的措施，并写试模报告。
　　（2）确定合理的"注塑成形工艺参数"，指导生产调机。
　　（3）编写"注塑生产作业指导书"，指导生产作业。

6.2.3　任务准备

1. 选择模具

选用海天牌天翔系列注塑机安装单分型、双分型面、斜导柱注塑模。

2. 安装工具

内六角扳手、12 in（约 305 mm）活扳手、旋具、铜棒、砂纸、锤子、刀片、手套、风枪、剪刀、盛物容器等作业工具等。准备好纸箱、胶盘、保护模、PE 袋、气泡袋等包装材料。

3. 安装用量具

百分表、磁力表座、塞尺、直角尺等。

4. 实训准备

（1）小组人员分工　同组人员对安装、观察、注塑、调试等分工负责。

（2）工具准备　领用并清点安装所用的工量具，了解工量具的使用方法及使用要求。实训结束时按清单清点工量具，交指导教师验收。

（3）熟悉实训要求　要求复习有关理论知识，详细阅读本指导书，对所要求的内容在实训过程中做详细的记录。

6.2.4　相关工艺知识

1. 注塑成形的相关参数

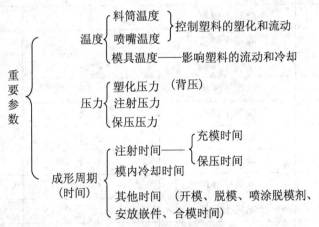

1）温度参数

注射成形过程需要控制的温度有干燥温度、料筒温度、喷嘴温度、模具温度等。

（1）干燥温度。干燥温度主要是保证材料本身及其加工性能不受水分影响，保证成形质量而事先对聚合物进行干燥所需要的温度。

干燥温度设定原则：

① 聚合物不至于分解或结块。

② 干燥时间尽量短，干燥温度尽量低而不至于影响其干燥效果。

③ 干燥温度和时间因不同原料而异，一般参照原料生产商提供的物性表建议的温度或时间，见表 6-2-1。

表 6-2-1　塑料物性表

塑料材料	干燥机类型	干燥时间/h	干燥温度/℃
ABS	热风干燥机	2～4	80～100
ABS/NYLON	除湿干燥机	1～3	80～100
ABS/TPC	除湿干燥机	3～4	80
POM *	热风干燥机	1～4	85
ACRYLIC	除湿干燥机	2～3	70～100 **
EVA	热风干燥机	1～2	**
NYLON6	除湿干燥机	2～4	80
NYLON6/6	除湿干燥机	2～4	80
PC	除湿干燥机	4	120
PC/POLYESTER	除湿干燥机	3～4	120
PC/ABS	除湿干燥机	3～4	80～110 **
PPS	热风干燥机	2～3	130～150
PP *	热风干燥机	1～2	70
PPO	除湿干燥机	2～4	100～120 **
PS *	热风干燥机	1～2	70～80
PSF	除湿干燥机	4	130～140
PV	除湿干燥机	1～4	80～100 **
PBT	除湿干燥机	2～4	120～140
PBT	除湿干燥机	8	100
PET	除湿干燥机	2～4	140
PET	除湿干燥机	2～4	110
ELASTOMER	除湿干燥机	2～3	80～110 **
ELASTOMER	热风干燥机	4～6	80～110 *
PVC	热风干燥机	2	60～80 **
SAN	热风干燥机	2～3	80～100
TPO *	热风干燥机	1～2	50～70 *

注：1. * 表示通常不需干燥。

　　2. ** 表示干燥依条件类别而定，最好由材料供应商确认。

④ 干燥的设备：热风循环式（用于干燥 ABS、HIPS 等）、除湿干燥式（用于干燥 PET、PA、PBT、PPE、PC 等），如图 6-2-1 所示。

（2）料筒、喷嘴温度的设定标准。料筒温度、喷嘴温度主要影响塑化和流动。料筒温度的选择应保证塑料塑化良好，能顺利实现注射又不引起分解。对塑料而言，螺杆旋转摩擦造成的摩擦热已足以使塑胶融化，加热器热电偶的作用又在于保持温度，因此，当机台上显示温度为 230 ℃时，螺杆内实际温度可能高于 230 ℃。

图 6-2-1　预干燥烘箱

① 成形温度范围：一般而言，材料商必须提供材料最合适的成形温度与模具温度。

② 料筒分段设定的方法：如图 6-2-2 所示。

·料筒温度的设定必须在物性表范围内。

·温区 1＞温区 2＞温区 3＞温区 4＞温区 5。

·温区 4、温区 5 的温度应比温区 1 的温度低 20～50 ℃。

·下料口温度设定的最大值为塑料的烘料温度。

·喷嘴温度要比温区 1 温度低 5～10 ℃。

·用对空注射法，观察射出来的料是否熔融。若射出来的料是大幅度的曲线状，黏度很高，则料温偏低；若射出来的料像流水一样，黏度低，则料温偏高。

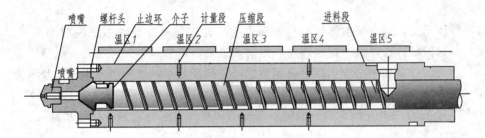

图 6-2-2　料筒分段设定

（3）模温的说明及设定。模具温度主要是影响塑料的流动和冷却效果。模具温度指模腔表面温度，根据模具型腔各部分的形状不同，一般是难走胶的部位模温要求高一点，定模温度略高于动模温度。当各部位设定温度后，要求其温度波动小，所以往往要使用模具恒温机、冷水机等辅助设备来调节模温。

① 新模新原料试模时，参照原料厂商提供的物性表模温范围使用。

② 模具温度对制品质量、力学性能有着至关重要的影响。尤其对内应力、翘曲、尺寸公差、重量和表面粗糙度等性能影响更大。对于工程塑料、黏度高的塑料、增强型塑料，如 PC、PC/ABS、PBT、PET、POM 等必须严格按要求来控制模温。不正确设定模温有可能造成力学性能下降，导致装配或使用达不到要求。

③ 模具温度不以温调机设定的水、油温为准，最终以模具模芯温度为准，如图 6-2-3 所示为温调机。

④ 模具温度的测定有专用的模温表测量。

⑤ 模具水路每组接水的进水温度与入水温度差异不能超过 20 ℃。

模温高低对塑件的影响如下：

① 模具温度高时，有利于充模，塑料的冷却速率小（结晶性材料结晶率大）、有利于

分子松弛过程，分子取向效应小，不易产生内应力，同时可得到很好的表面光泽；但注塑周期长，尺寸收缩率大，模具尺寸会膨胀，影响模具运动。

② 模具温度低时，塑料的冷却速率大，注塑周期短，收缩率小；但不利于充模，表面光泽度差，结晶材料不利于晶体和球晶的生成，特别是玻璃化温度低的材料，很容易出现后收缩。

图 6-2-3　温调机

2）压力参数

（1）注射压力。螺杆给予塑料熔体的推进力，称为注射压力。根据螺杆位置的各个分段，可设置螺杆不同的推进力给熔胶，各段推进力大小的设置，主要取决于塑料熔体在模具型腔里的位置，充模阶段注射压力应克服浇注系统和型腔对塑料流动的阻力，并使塑料流动速度能达到设定速度，在冷却前能充满型腔。

设定原则：注射压力没有核定的标准值，其高低应根据制品结构、模具结构、料温、模温等具体情设定。若流经的模腔形状复杂，塑件薄，塑料受到的阻力就大，则需要较大的推进力；若流经的位置形状简单，熔胶受到的阻力小，则可设置小的推进力，从而减轻注塑机的损耗。

（2）保压压力。当塑料熔体注满模腔后，为了补偿塑料冷却收缩使模腔形成的空间并压实塑料，这时螺杆还需给予塑料熔体一定的推进力，该力即为保压压力，保压压力用 HP 表示。一般大胶件采用中压，小胶件采用低压（一般情况下，保压压力小于射胶压力）。

保压压力的设定原则如下：

① 设定保压压力要足够大以克服浇口部分凝固产生的阻力，并进行缩水补偿。

② 同时还要考虑射出压力与保压结束后的背压的压差。

③ 保压压力的大小对制品的重量、尺寸有很大的影响。

④ 过大的保压压力可能会造成制品有毛边、尺寸偏大、翘曲、拉伤、顶白、脱模不良等问题。

⑤ 过小的保压压力可能会造成未充填、缩水、尺寸偏小等问题。

⑥ 保压压力一般为最高注射压力的 $80\% \sim 90\%$。

（3）背压压力。在塑料熔融、塑化过程中，熔料不断移向料筒前端（计量室内），且越来越多，逐渐形成一定压力，推动螺杆向后退。为了阻止螺杆后退过快，确保熔料均匀压实，需要给螺杆提供一个反方向的压力，这个反方向阻止螺杆后退的压力称为背压，背压也称塑化压力。

适当调校背压的好处如下：

① 能将料筒内的熔料压实，增加密度，提高射胶量、制品重量和尺寸的稳定性。

② 可将熔料内的气体"挤出"，减少制品表面的气花、内部气泡，提高光泽均匀性。减慢螺杆后退速度，使料筒内的熔料充分塑化，增加色粉、色母与熔料的混合均匀度，避免制品出现混色现象。

③ 适当提升背压，可改善制品表面的缩水和产品周边的走胶情况。

④ 能提升熔料的温度，使熔料塑化质量提高，改善熔料充模时的流动性，使制品表面

无冷胶纹。

但背压不能太大，背压太大会使熔胶产生分解，从而引起胶件变色、黑纹等缺陷；另外加大背压就势必延长了生产周期，加剧了注塑机的损耗（背压一般为 1 MPa 左右）。

背压的设定原则如下：背压的调校应视原料的性能、干燥情况、产品结构及质量状况而定。采用高背压虽有利于色料散布均匀及塑料熔化，但却同时延长了中螺杆回位时间，减低了填充塑料所含纤维的长度，并增加了注塑机的应力，故背压越低越好，在任何情况下都不能超过注塑机注塑压力（最高定额）的 20%。

（4）锁模压力。锁模压力主要有低压保护压力、锁模高压压力两个重要参数。

① 低压保护压力也称锁模低压压力，是注塑机对模具的保护装置，从模具保护位置到前后模面贴合的那一瞬间，这段时间内锁模机构推动模具后模的力是比较小的，同时当推进过程中，遇到一个高于推动力的阻力时，模具会自动打开，从而停止合模动作，这样合模时前后模之间如有异物，模具就可以得到保护，锁模低压压力一般设定为 0，有侧抽的模具可稍设置大一些，取值 0.5 MPa，如图 6-2-4 所示。

② 锁模高压压力又称锁模压力，当合模使前后模面贴合后，锁模力自动由低压转为高压，目的是前模面和后模面贴合时有一定的压力，锁模压力不能太高，太高会压伤模面。调节时，使前后模有一定的压力即可，一般取 8～10 MPa（一般锁模状态：高速-低压低速-高压合模），如图 6-2-5 所示。

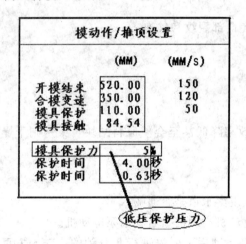

图 6-2-4　低压保护压力

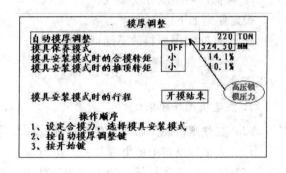

图 6-2-5　锁模高压压力

3）时间参数

（1）周期时间。注塑机由一个循环开始动作一直进行到下一个循环开始动作所需的时间，要求是在生产出合格塑件的前提下，越短越好。

（2）注射时间。注射时间因塑料温度、部件的结构形状而异。同时还需考虑到是否能完全充填，以及外观问题和质量问题，一般来说，比较薄的成品比较容易发生变形，所以要尽量缩短时间，而比较厚的成品，为防止出现缩痕和气泡，需要延长射出时间。另外，如果浇口比较大，射出时间应较短；浇口比较小时射出时间应较长。

设定标准如下：

① 射出时间的设定没有一定的标准值，根据产品、模具的结构、机台的质量等而异。

② 设定的最大射出时间比实际射出时间稍长 $0.5\sim1$ s 的值。

（3）保压时间。为防止注射后塑料倒流以及冷却补缩作用，在注塑完后继续施加的压力叫做保压时间。其作用为：防止注塑完后熔体倒流；冷却收缩的补缩作用。

设定原则如下：

① 保压时间因制品厚度不同而异。

② 保压时间要因熔料温度的高低而异，温度高者所需时间长，低者则短。

③ 为提高生产效率，在保证制品质量的前提下应尽可能使保压时间缩短。

④ 最大保压时间的设定以射出时间的压力为基准，然后渐渐延长时间来测定成品的重量。成品重量不再变化时即是要设定的保压时间，保压时间的设定是浇口部位随着冷却完成其固化，螺杆再推进已不再对成形品施加压力的时间。

（4）冷却时间。产品冷却固化而脱模后又不致于发生变形所需的时间叫做冷却时间。其作用为：让制品固化；防止制品变形。

设定原则如下：

① 冷却时间是周期时间的重要组成部分，在保证制品质量的前提下尽可能使其缩短，直至最大成品表面温度达到材料热变形温度，热变形温度可由供货商提供。

② 冷却时间因熔体的温度、模具温度、产品大小及厚度而定。

（5）干燥时间。利用干燥设备事先对原料进行干燥所需要的时间即为干燥时间。其作用如下：

① 增加表面光泽，提高抗弯及抗拉强度，避免内部裂纹和气泡。

② 提高塑化能力，缩短成形周期。

③ 降低原料中水分及湿气。

设定原则如下：

① 干燥时间因原料的不同而不同。

② 干燥时间的设定要适宜，太长会使得干燥效率降低甚至会使原料结块，太短则干燥效果不佳。

2. 注塑机操作要求

（1）在注塑机加热启动前要先打开冷却水阀，观察水道是否通畅。

（2）合上控制箱上的电源开关，按面板上的电动机启动按钮启动油泵电动机。

（3）初次使用和较长时间未用的注塑机，油泵启动后，要先进行几分钟的空转，方可开始进行操作。

（4）打开注塑机料筒加热开关，进行温度设定。

（5）注塑机开动应从手动→半自动→全自动依次进行；手动操作是在一个生产周期中而言的，每一个动作都是由操作者拨动操作开关而实现的，一般在试机调模时才选用。半自动操作时机器可以自动完成一个工作周期的动作，但每一个生产周期完毕后操作者必须拉开安全门，取下工件，再关上安全门，机器方可继续下一个周期的生产。全自动操作时注塑机在完成一个工作周期的动作后，可自动进入下一个工作周期。在正常的连续工作过程中无须停机进行控制和调整。

（6）加工停止或换料时要进行料筒清洗，清洗工作应在加热状况下进行，清洗结束，立即关闭加热开关，清洗工作对加工易分解的塑料尤为重要。

（7）加工停止时，先把动作操作开关转到手动位置上，其他动作开关放在断开位置上，料筒加热开关拨向 OFF，按电动机停止按钮关闭油泵电动机，最后关闭电源开关。

3. 注塑机开机和关机操作

（1）开机流程

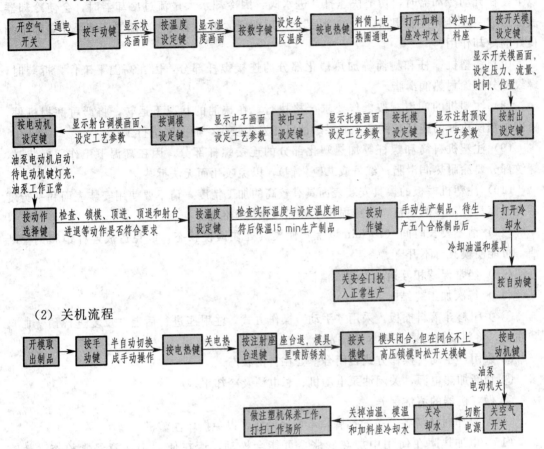

（2）关机流程

4. 注塑机使用注意事项

（1）使用注塑机时必须注意操作安全，首先检查安全门的可靠性，在机器运转时切记不可将手伸入锁模机构当中，取制品时，一定要打开安全门，在确认人员安全和模具无异物后，才能关闭安全门。

（2）由于原料的品种、制品面积的大小及形状的不同，所需的锁模力也不一样，调模时按实际需要的最低锁模力调节，不仅能节省电力消耗，而且将明显地延长机器的使用寿命。

（3）注塑液压系统的压力调节应根据各动作的要求分别进行，不宜过高，合理地使用压力，不仅可节省能源，而且可延长机器寿命。

（4）当注塑机螺杆或料筒无材料时，不宜采用高的螺杆转速（最好在 30 r/min 以下），待原料充满螺杆螺槽（熔料从喷嘴挤出时）再将螺杆转速升高到需要的数值。以免因空转速度过高或时间过长而刮伤螺杆或料筒。

（5）注塑机料筒从室温加热到需要的温度大约需要 30 min。在料筒内有残余冷料的情况下，须再保温 10 min，才能启动螺杆进行加料，以保证残余冷料得到充分熔融，避免损伤螺杆。

（6）注塑机开始运转，当冷却水温度升高 5～10 ℃之后（冷却器中无水时，须先使其充水），然后逐渐开启冷却器的进水阀，并在使用过程中调节进水量，使温度保持在 55 ℃以下。在开动冷却器时，切记快速打开进水阀，因冷却水大量流过冷却器时，会使冷却器表面形成一层导热性能很差的"过冷层"，以后即便大量的水进入冷却器，结果还是起不到良好的冷却作用。

（7）注塑机螺杆和料筒等加热塑化部分的连接螺杆部分，因在高温下工作，拆装时，螺纹部分要涂耐热润滑脂。

（8）注塑机的润滑，按操作要求严格执行，在缺油的状况下运转，将严重磨损机件，特别是锁模机械的连杆和钢套，如果缺油可能发生咬伤，而无法进行工作。

（9）注塑机料筒和螺杆等加热塑化部分的连接螺杆部分，因在高温下工作，拆装时，螺纹部分要涂耐热润滑脂（红丹或二硫化铜），以免咬死而无法拆装。

（10）注塑机模板的模具安装表面具有较高的加工精度，请不要使用安装表面和平行度不良的模具及不良的螺钉，以免损伤模板和锁模机构性能。

（11）请不要长时间（10 min 以上）使模具处在锁模状态，以免造成连杆销和钢套断油，可能使模具打不开。

（12）经常保持相互运动，表面清洁。

（13）每次加工终结时：

① 关闭料斗落料插板，采用"手动"操作方式，注射座进行后退并反复进行预塑加料和注射，将料筒内的剩余料尽量排光。

② 采用"手动"操作方式，闭合模处在自由状态。

③ 切断加热电源，关闭油泵电动机、总电源及冷却水。

④ 做好机器的清洁保养。

（14）操作时认清各开关的铭牌，不可误操作，以免损坏注塑机。

（15）电加热圈在使用中加热膨胀，可能会松动，请在使用中注意经常检查，随时拧紧。

（16）热电偶的测头应保证与料筒测温孔端的良好接触，开机前要进行检查，发现接触不良时，要随时收紧。

6.2.5 任务实施

（1）在试模之前，了解安全操作与指引，熟悉本机器各功能键，以保证各动作安全、正确进行。

（2）查看料筒内的塑料是否正确无误、是否依规定烘烤（试模与生产若用不同的原料很可能得出不同的结果）。

（3）料管的清理务求彻底，以防劣解胶料或杂料射入模内，因为劣解胶料及杂料可能会将模具卡死。检查料管的温度及模具的温度是否适合于加工的原料。

（4）注塑工艺条件设置

① 设定料筒温度（根据材料供应商提供的最合适的成形温度），须使用感应器测量实际熔体温度。

② 设定模具温度（根据材料供应商提供的最合适的模具温度），须使用感应器测量实际模腔温度，同时测量模腔各点温度是否平衡。模具温度的设定主要由模温机控制，模温机的温度控制应该设定在低于所需模温的 10～20 ℃，要求温差＜5 ℃，最好＜2 ℃；否则须检查模具冷却系统。

③ 在无保压和保压时间的前提下，进行短射填充试验（一级速度），找出压力切换点（即产品打满 95％的螺杆位置）。缓冲量距离则是从转换位置到螺杆可到达的最远位置，因此，转换位置可以决定缓冲量的距离，典型的缓冲量距离可以设定为 5～10 mm。

其目的为：把握塑料熔体流动状态，验证浇口是否平衡（注意：模温不均匀，尤其是热敏性材料及浇口很小的情况下，细微的模温差异都会造成自然平衡流道的不平衡）。查看熔体最后成形位置、排气状况，决定是否需要优化排气系统。

④ 找出优化的注射速度（一级），即转压注射压力最低时的注射速度，如图 6-2-6 所示。

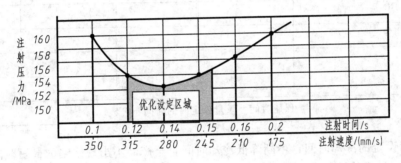

图 6-2-6　优化的注射速度

同时获得实际注射压力（注意：设定的注射压力必须时刻大于实际显示的注射压力），实际注射压力取决于负载，在其他条件不变的情况下取决于压力切换点和注射速度的设定。

查看流动状态（是否有喷射等）、产品表观以及注射压力是否过大，决定是否需要流道尺寸、浇口尺寸和位置等。一般浇口流道尺寸在模具制造时总是预先倾向于小的，以便留有修改余地。表 6-2-2 为各种材料的一般压力范围。

表 6-2-2　各种材料的一般压力范围

材料	注射压力/MPa	保压压力/MPa	模腔压力/MPa
PS	70～160	30～60	20～40
ABS	80～160	40～90	35～55
PP	70～160	30～60	20～40
PA	70～160	50～70	35～70
POM	80～180	80～100	60～80
PC	100～180	60～100	40～60

续表

材料	注射压力/MPa	保压压力/MPa	模腔压力/MPa
PMMA	100~160	60~100	40~80
PC/ABS	80~170	60~80	35~50
PBT	70~160	50~80	40~70

⑤ 设定背压：背压的设定值建议在 5~10 MPa，背压过低，成形的品质无法保证，背压适当增加可增加螺杆摩擦加热效果，同时减少可塑化时间。

⑥ 找出保压时间（即浇口冷凝时间），每次取两模产品，然后称重（不含料头），保压时间就是产品重量开始稳定的时间，每次加 0.5 s（小产品的话可以取小些，见表 6-2-3）。

表 6-2-3 保压时间

保压时间/s	第一模产品重/g	第二模产品重/g	保压时间/s	第一模产品重/g	第二模产品重/g
1			4		
1.5			4.5		
2			5		
2.5			5.5		
3			6		
3.5			6.5		

保压时间＝重量稳定时的时间＋0.5 s

⑦ 找出设定的冷却时间：不断降低冷却时间直至产品不出现缺陷的最短时间（T_c）。

冷却时间初步估计约等于保压时间，如果实际找出的冷却时间和估算值相比过长，则需考虑是否需要进行冷却系统的改进。查看产品各部分冷却状况是否一致，以决定哪部分需要强化或弱化冷却。

⑧ 找出保压压力（一级）：

首先找出最低保压压力（p_{lh}），即产品刚出现充模不足、凹陷、内应力、尺寸偏小等问题时的保压压力。

然后找出最高保压压力（p_{hh}），即产品刚出现毛刺、内应力、脱模不良、尺寸偏大等问题时的保压压力。

$$理想的保压压力 ＝ (p_{lh} + p_{hh})/2$$

分析最大保压和最低保压的范围，并通过可能的模具修改来使它们的范围尽量扩大。在最低保压和最高保压之间每隔 10 MPa 或 5 MPa（取决于最低、最高保压之间的范围）取值；然后在取的保压压力下各生产两模；研究保压和尺寸之间的关系，以决定可接受的保压压力 p_h 或修改模具尺寸。

⑨ 设定模具打开时间。

⑩ 记录并保存以上工艺参数，修模。

⑪ 修模后重新试模，尽量采用和上一次相同的工艺参数。

（5）在模具修改完毕后，在确定的参数基础上生产 2 h，取 50 模产品一模一模称重并测量某一或几个关键尺寸，研究重量和尺寸之间的关系，确定可接受的重量控制偏差。生产完后，收集最后一模产品放入模具样品袋后方可停机。

（6）记录下工艺参数填入空白"注塑工艺参数卡"，见表6-2-4。将设定好的工艺参数保存供下次调用。

（7）停机，合模，退回射台；关闭模温机，清洗螺杆后关掉电加热器；松开顶杆，打开操作门，装上吊桥，吊紧模具，再松开压板，起吊模具，把模具放置到下模区，将注射台整理干净，废料及报废产品交生产回收。

表6-2-4　注塑工艺参数卡

试模人员签名						试模日期	
零件代码			零件名称			零件图号	
原材料			机台型号			模具涂色	
一模出数			一模注塑量			模具厚度	
每件净重			浇口重			保证寿命	万次以上

材料预处理					
温度	时间	盛料/kg	设备	备注	

成形时间/s						
闭模	注射	注射压力	预塑	冷却	每模工时	

压力/MPa（表压）					
锁模	注射	保压	背压	系统压	备注

温度/℃					
一区（喷嘴）	二区	三区	四区	五区	备注

模具实况（如果有如下现象打"×"）							
开模困难		气纹严重		烧焦		断浇口	
粘定模		困气		分型面毛刺		顶白	
粘动模		喷射痕		顶杆毛刺		气泡	
粘浇口		顶杆不顺		滑块毛刺		混色	
粘加强筋		断顶杆		背压压力大		加强筋发白	
充填困难		顶杆板变形		产品变形		波浪纹	

试模总结：

6.2.6　评价标准

注塑模调试评价标准见表 6-2-5。

表 6-2-5　注塑模调试成绩评定表

班级：＿＿＿＿＿＿　姓名：＿＿＿＿＿＿　学号：＿＿＿＿＿＿　成绩：＿＿＿＿＿＿

序号	项目与技术要求	配分	评定方法	实测记录	得分
1	准备工作充分	10	材料准备，模具准备，机台准备		
2	图样审核	10	确认产品图样/样品，了解重要尺寸		
3	塑料性能分析、注射机性能及参数分析	5	熟悉塑料性能，确认材料回收料比例、干燥温度及干燥时间		
4	模具在注射机上安装，模具加压、通水	15	模具安装技能、模具调试系统的设置操作熟练		
5	注射机的调整、锁模、开合模、顶出等参数的设定与调整	20	掌握注射机工作状态的调整技能		
6	注塑成形工艺参数的设定	20	掌握注射机成形工艺参数的设置技能		
7	试模结果分析、调整，参数的汇总、记录	10	掌握试模、分析技能		
8	安全文明生产	10	违者每次扣 5 分		
9	现场记录				

6.2.7　归纳总结

1. 调机者应对所使用的注塑机的构造、功能及优缺点有充分了解，不熟悉机器特性及使用方法，是难以制作出优良的产品的。

2. 明确模具在调试过程中应注意的问题。

3. 掌握常见模具的调试过程。

4. 能正确处理调试中常见问题。

5. 能熟练、正确运用方法和技巧对模具进行必要的调整，使之能达到正常生产要求。

思 考 练 习

1. 注射机由哪几部分组成？各部分的功能如何？
2. 为什么成形前要对某些物料进行干燥处理？
3. 模具温度对注射成形有何影响？设定模具温度的原则是什么？
4. 何为背压？适当调校背压的好处有哪些？
5. 塑料模调试包括哪些内容？

附录 A　注塑成形产生废品的类型与改善对策

注塑成形产生废品的类型与改善对策见表 A-1。

表 A-1　注塑成形产生废品的类型与改善对策

不正常现象	可能原因	成形改善	模具改善	原料改善
充填不足（短射）	制件超过注射成形机最大注射量	选用注射量更大的注射机		改用流动性较好的材料
	注射压力太低，速度太慢	增大注射压力		
	料筒温度低	延长注射周期或缓慢提高温度		
	模温过低	模具水量调小，提高模具温度		
	排气不良	改良模具通气孔，改良模具进浇口或增加进浇口	增加模具排气孔，并在气泡位置增加排气孔	
	产品壁太薄		增加产品厚度	
	流道与浇口压降太大	加大喷嘴射出口尺寸、流道尺寸，以符合实际需要	更改进浇口或流道加粗	
	液压泵压力不足	检查液压系统有无漏油		
	杂物堵塞机筒喷嘴或弹簧喷嘴失灵	清理喷嘴及更换喷嘴零件		
塑件内有气孔	塑料中有水气	把塑料烘干	增加模具排气孔	改用干燥性较好的材料
	原料温度过高以致分解	降低原料温度		
	射速太快，造成气泡	降低射出速度		
	射压太慢	提高射压		
	塑件筋或柱过厚		重新设计产品、模具结构	
表面无光泽	模具表面有水或油脂污染	擦拭干净	加大浇口或加粗流道/增加模具的排气使流动顺畅	改用干燥性较好的材料
	模具表面的研磨不良	模具抛光		
	料管温度太低	提高料管温度		
	模具没有预先加热	提高模具温度		
	射出太慢	增加射出速度，加大射出压力		
	塑料在各浇口及流道的流动情况不一样	尽量使横浇口对称		
	塑料在模腔内流动不良	再设计浇口或产品，加长射出时间，减少保压时间		

续表

不正常现象	可能原因	成形改善	模具改善	原料改善
制品溢边	透气不良	改良模具气孔	修模	改用流动性差的材料
	异物附着在分型面	清除模面异物		
	塑料太热	把料管和模具温度降低		
	射出压力太高	降低射出压力		
	闭模压力不足	提高闭模力,如已不能提高则必须换较大机械		
	模具导柱磨损,分型面偏移或模具安装板受损,导杆(大柱)强度不足,发生弯曲		更换模具导柱,模具安装板整修,模具重量超重应更换较大注射机成形	
凹痕(缩水)	制品太厚或薄厚悬殊太大	改进制件工艺设计,使制件薄厚相差小		
	流道尺寸、浇口位置不合理		变更流道尺寸,浇口开在制件的壁厚处,改进浇口位置	
	注射压力太小	提高注射压力		
	注射速度太慢	提高注射速度		
	模具开启时间不一	用计算器控制开模时间		
	制品脱模时依然过热	冷却模具,或马上将制品浸入水,或延长冷却时间		
制品表面波纹	原料熔融不佳	提高原料温度、提高背压、加快螺杆转速		调整原料流动性
	原料不干净或渗有其他材料	检查原料		
	模具不够热	增加模具温度		
	浇口太小,使塑料在模腔内有喷射现象	扩大浇口,降低射出压力	加大进胶点	
	塑件切面厚薄不均匀	变更成品设计,使切面厚薄均一,去除塑品上的突盘和凸起的线条	根据产品状况改模	
塑件表面出现熔接痕	塑料熔体过冷	增加料筒和模具温度,增大射出压力,延长注射周期		调整原料的流动性
	模腔壁脱模剂过多	采用雾化脱模剂,减少用量		
	浇口太多	减少浇口或改变浇口位置		
	模具排气不良	增设足够排气孔,顶杆中间设排气孔	增加模具排气孔	

续表

不正常现象	可能原因	成形改善	模具改善	原料改善
	塑料产品切面厚度变大	再设计塑件，浇口定位要适当		
	射料压力不够	增大压力		
	射出速度慢	增大射出速度		
	熔接痕形成后至完全充填的时间太长	缩短射出时间，增加压力，改浇口位置		
破裂或龟裂	填模太实	降低入料速度，降低射出压力，减少射出时间		调整原料流动性
	模具温度太低	提高模温		
	不适当的脱模设计		修改模具，改进制件工艺设计，增加斜度	
	制件顶出装置倾斜或不平衡	安放顶针使能顺利将塑件顶出模具	调整顶出装置的位置，使制件受力均匀	
制品表面呈银纹	原材料含水量太大	原材料进行干燥处理，避免材料在注射前遭受较大的温度变化		调整原料的烘干温度，选用流动性较好的材质
	熔胶模腔内流动不连续	浇口要对称，保持模温均匀，尽量使制品切面厚薄均匀		
	缺乏外润滑剂	加硬脂酸锌，通常需要搅拌均匀		
	外润滑剂和塑料的混合不均匀	延长混合时间，增加小量润滑剂		
	射出速度太快	模具设排气孔，降低射出压力，降低料管温度，降低射出速度，降低螺杆转速或背压		
	模温过低	增高模温		
	射出压力过大	降低射出压力		
	塑料温度过高	由喷嘴温度开始，降低料管温度，降低螺杆转速，使螺杆所受的背压也减少		
黄点，黄线	料管温度太高	降低料管温度		选用耐温较好的原料
	胶料在料管内停留太久	缩短射出周期		
	料管内局部过热	降低料管温度		
	原料有混料的现象			
	料管内存有死角	更换料管或螺杆		

续表

不正常现象	可能原因	成形改善	模具改善	原料改善
黑点条纹	塑料已分解	加入有外润滑剂的塑料，降低机筒温度或换原料		确认原料内是否有黑点，确认原料内是否有混料等不良现象
	螺杆与料管偏心而产生非正常摩擦热		检修机器	
	塑料碎屑卡入注射柱塞和机筒之间	提高机筒温度		
	喷嘴与模具主流道吻合不良，产生积料并在每次注射时带入模腔		检查喷嘴与模具注口，使之吻合良好	
	模具无排气孔		增加模具排气孔	
制件翘曲（变形）	塑料制品太热时脱模	降低塑料温度，降低模具温度，延长模具闭合时间，减小螺杆转速或背压		调整原料的流动性
	制品脱模系统设计不良，安装不好		改变制件与脱模杆的位置，使受力均匀	
	局部压力太大	降低压力	增加进胶口或调整产品胶位	
	产品结构所导致		调整产品结构	
	模具前后温度不均	保持模具温度均一		
	浇口部分过分的填充作用	调整注射时间，减少浇口尺寸		
	保压过度	缩短保压时间，降低保压压力		
塑料产品尺寸不稳定	塑料颗粒大小不均	采用颗粒均匀的原料		确保原料进料质量稳定，同时选用较稳定材料
	回料与新料混合比例不均	调整回料与新料的比例		
	温度、压力、时间变更	稳定成形工艺条件		
	注射机液压系统或电气系统不稳定	检查液压和电气系统的稳定性		
塑件变脆	废料加太多	少用或不用		改用较好的原料或使用客户指定材料
	不同材料混料	隔离不同材料，加强原料管理		
	原料在料管停留较长时间	停止工作时请断开电源		
	加热不均	加长成形周期		

不正常现象	可能原因	成形改善	模具改善	原料改善
塑件粘模	射出压力或料管温度过高	降低射出压力或料管温度，降低螺杆的转速或螺杆背压		改用比较好的材料
	填料过饱	降低射出剂量、时间及速度		
	注射时间过长	减少注射成形时间		
	模具内有倒扣位	除去倒扣位，打磨抛光，增加脱模部分的斜度	整修模具	
	模腔深入部分空气压力小	设立适宜的排气道	增加模具排气	
	开模时间变动不定	保持固定开模时间，如有需要可用定时器		
	产品胶位太深		根据产品的需要增加脱模顶针	
	模具内壁不够光洁		模腔壁再次抛光	
	模芯产生位移		重新装好模芯	
顶出困难	模具冷却不足	加大水量或延长模具冷却时间		更换较好的材料
	模具脱模斜度不够		增加脱模斜度	
	塑件因缩水而粘动模	升高模温或减少冷却时间	增加模具部分脱模顶杆	
	射出时间长	减少注射时间		
	顶出时偏位、顶针不对称		修整模具，增加顶针	
	过度保压	缩短保压时间，降低保压压力		
	有倒扣位或成形表面粗糙	去除倒扣，成形表面抛光		
射嘴漏料	塑料太热	降低料管或射嘴温度		无
	射嘴不合适	更换适合的射嘴		
	注射压力太小	调整射台压力		
	模具射嘴变形		整理模具	
	如有热流道的模具，确认是否模具本身漏料		整理模具	
	背压太高	降低背压或松退		

不正常现象	可能原因	成形改善	模具改善	原料改善
产品透明度不足	原料混料	确认原料是否混料		改用透明度较高的材料
	塑料温度偏低、偏高	提高原料温度或降低原料温度		
	射出速度太慢	提升射出速度		
	模具温度太低	提升模具温度		
	模具表面没有研磨精细；注意冷却时间，不同的材料不同冷却时间会改变透明度	调整冷却时间	模具表面要抛光研磨精细，用电镀模具生产	
制品脱皮分层	不同的塑料混杂	采用单一品种的塑料		
	同一塑料不同牌号相混	采用同牌号的塑料		
	塑件不均	提高成形温度并使之均匀		
	混入异物	清理原材料，除去杂质		

附录 B 试模缺陷及原因

试模过程中易产生的缺陷及原因见表 B-1。

表 B-1 试模缺陷及原因

	制件不足	溢边	凹痕	裂纹	银丝	熔接痕	气泡	翘曲变形
料筒温度太高		★	★		★		★	★
料筒温度太低	★			★		★		
模具温度太高			★					★
模具温度太低	★		★	★		★	★	
注射压力太高		★		★				★
注射压力太低	★		★			★	★	
注射速度太慢	★							
注射时间太长				★	★	★		
注射时间太短	★		★			★		
成形周期太长		★			★			
加料太多		★						
加料太少	★		★					
原料含水分过多			★					
分流道或浇口太小	★		★		★	★		
模腔排气不好	★				★		★	
制件壁厚太薄	★							
制件薄厚变化大			★				★	★
注射机能力不足	★		★		★	★		
注射机锁模力不足		★						

参 考 文 献

[1] 夏江梅. 塑料成型模具与设备 [M]. 北京：机械工业出版社，2005.

[2] 李忠文，陈巨. 注塑机操作与调校实用教程 [M]. 北京：化学工业出版社，2006.

[3] 郁文娟. 塑料注射模具机构设计动画演示 200 例 [M]. 北京：化学工业出版社，2006.

[4] 殷铖，王明哲. 模具钳工技术与实训 [M]. 北京：电子工业出版社，2007.

[5] 浦学西. 模具结构 [M]. 北京：中国劳动社会保障出版社，2008.

[6] 宫宪惠. 模具安装调试与维修 [M]. 北京：人民邮电出版社，2009.

[7] 杨海鹏. 模具拆装与测绘 [M]. 北京：清华大学出版社，2010.

[8] 李云程. 模具制造工艺学 [M]. 2 版. 北京：机械工业出版社，2010.